同济博士论丛
TONGJI Dissertation Series
总主编 伍 江 副总主编 雷星晖

王 成 蒋昌俊 著

无线自组织网络标度律研究

Research on Scaling Laws of Wireless Ad Hoc Networks

同濟大學出版社
TONGJI UNIVERSITY PRESS

内 容 提 要

作为计算机网络技术的前沿科学，与传统类型的无线网络相比，无线自组织网络具有成本低、组网灵活、大吞吐量的优势。本书主要研究自组织网络的组播容量、无线混合网络的聚合容量等，具有较高的学术性和实践性，对我国无线网络、物联网的发展具有指导和应用价值。本书可供计算机专业师生及业内人士阅读参考。

图书在版编目(CIP)数据

无线自组织网络标度律研究 / 王成，蒋昌俊著. —上海：同济大学出版社，2019.10
(同济博士论丛 / 伍江总主编)
ISBN 978-7-5608-8802-6

Ⅰ. ①无… Ⅱ. ①王… ②蒋… Ⅲ. ①无线电通信—自组织系统—通信网—标度(量器)—研究 Ⅳ. ①TN92

中国版本图书馆 CIP 数据核字(2019)第 241864 号

无线自组织网络标度律研究

王 成 蒋昌俊 著

出 品 人 华春荣 责任编辑 王有文 熊磊丽

责任校对 徐春莲 封面设计 陈益平

出版发行 同济大学出版社 www.tongjipress.com.cn
(地址：上海市四平路 1239 号 邮编：200092 电话：021-65985622)

经 销 全国各地新华书店

排版制作 南京展望文化发展有限公司

印 刷 浙江广育爱多印务有限公司

开 本 787 mm×1092 mm 1/16

印 张 14.25

字 数 285 000

版 次 2019 年 10 月第 1 版 2019 年 10 月第 1 次印刷

书 号 ISBN 978-7-5608-8802-6

定 价 68.00 元

“同济博士论丛”编写领导小组

组　　　长： 杨贤金　钟志华

副 组 长： 伍　江　江　波

成　　　员： 方守恩　蔡达峰　马锦明　姜富明　吴志强
徐建平　吕培明　顾祥林　雷星晖

办公室成员： 李　兰　华春荣　段存广　姚建中

"同济博士论丛"编辑委员会

袁万城　莫天伟　夏四清　顾　明　顾祥林　钱梦騄
徐　政　徐　鉴　徐立鸿　徐亚伟　凌建明　高乃云
郭忠印　唐子来　阎耀保　黄一如　黄宏伟　黄茂松
戚正武　彭正龙　葛耀君　董德存　蒋昌俊　韩传峰
童小华　曾国荪　楼梦麟　路秉杰　蔡永洁　蔡克峰
薛　雷　霍佳震

秘书组成员：谢永生　赵泽毓　熊磊丽　胡晗欣　卢元姗　蒋卓文

总 序

在同济大学110周年华诞之际，喜闻“同济博士论丛”将正式出版发行，倍感欣慰。记得在100周年校庆时，我曾以《百年同济，大学对社会的承诺》为题作了演讲，如今看到付梓的“同济博士论丛”，我想这就是大学对社会承诺的一种体现。这110部学术著作不仅包含了同济大学近10年100多位优秀博士研究生的学术科研成果，也展现了同济大学围绕国家战略开展学科建设、发展自我特色，向建设世界一流大学的目标迈出的坚实步伐。

坐落于东海之滨的同济大学，历经110年历史风云，承古续今、汇聚东西，秉持“与祖国同行、以科教济世”的理念，发扬自强不息、追求卓越的精神，在复兴中华的征程中同舟共济、砥砺前行，谱写了一幅幅辉煌壮美的篇章。创校至今，同济大学培养了数十万工作在祖国各条战线上的人才，包括人们常提到的贝时璋、李国豪、裘法祖、吴孟超等一批著名教授。正是这些专家学者培养了一代又一代的博士研究生，薪火相传，将同济大学的科学研究和学科建设一步步推向高峰。

大学有其社会责任，她的社会责任就是融入国家的创新体系之中，成为国家创新战略的实践者。党的十八大以来，以习近平同志为核心的党中央高度重视科技创新，对实施创新驱动发展战略作出一系列重大决策部署。党的十八届五中全会把创新发展作为五大发展理念之首，强调创新是引领发展的第一动力，要求充分发挥科技创新在全面创新中的引领作用。要把创新驱动发展作为国家的优先战略，以科技创新为核心带动全面创新，以体制机制改革激发创新活力,以高效率的创新体系支撑高水平的创新型国家建设。作为人才培养和科技创新的重要平台,大学是国家创新体系的重要组成部分。同济大学理当围绕国家战略目标的实现,作出更大的贡献。

大学的根本任务是培养人才,同济大学走出了一条特色鲜明的道路。无论是本科教育、研究生教育,还是这些年摸索总结出的导师制、人才培养特区,“卓越人才培养”的做法取得了很好的成绩。聚焦创新驱动转型发展战略,同济大学推进科研管理体系改革和重大科研基地平台建设。以贯穿人才培养全过程的一流创新创业教育助力创新驱动发展战略,实现创新创业教育的全覆盖,培养具有一流创新力、组织力和行动力的卓越人才。“同济博士论丛”的出版不仅是对同济大学人才培养成果的集中展示,更将进一步推动同济大学围绕国家战略开展学科建设、发展自我特色、明确大学定位、培养创新人才。

面对新形势、新任务、新挑战,我们必须增强忧患意识,扎根中国大地,朝着建设世界一流大学的目标,深化改革,勠力前行!

万　钢

2017 年 5 月

论丛前言

承古续今，汇聚东西，百年同济秉持“与祖国同行、以科教济世”的理念，注重人才培养、科学研究、社会服务、文化传承创新和国际合作交流，自强不息，追求卓越。特别是近20年来，同济大学坚持把论文写在祖国的大地上，各学科都培养了一大批博士优秀人才，发表了数以千计的学术研究论文。这些论文不但反映了同济大学培养人才能力和学术研究的水平，而且也促进了学科的发展和国家的建设。多年来，我一直希望能有机会将我们同济大学的优秀博士论文集中整理，分类出版，让更多的读者获得分享。值此同济大学110周年校庆之际，在学校的支持下，“同济博士论丛”得以顺利出版。

“同济博士论丛”的出版组织工作启动于2016年9月，计划在同济大学110周年校庆之际出版110部同济大学的优秀博士论文。我们在数千篇博士论文中，聚焦于2005—2016年十多年间的优秀博士学位论文430余篇，经各院系征询，导师和博士积极响应并同意，遴选出近170篇，涵盖了同济的大部分学科：土木工程、城乡规划学(含建筑、风景园林)、海洋科学、交通运输工程、车辆工程、环境科学与工程、数学、材料工程、测绘科学与工程、机械工程、计算机科学与技术、医学、工程管理、哲学等。作为“同济博士论丛”出版工程的开端，在校庆之际首批集中出版110余部，其余也将陆续出版。

博士学位论文是反映博士研究生培养质量的重要方面。同济大学一直将立德树人作为根本任务，把培养高素质人才摆在首位，认真探索全面提高博士研究生质量的有效途径和机制。因此，“同济博士论丛”的出版集中展示同济大学博士研究生培养与科研成果,体现对同济大学学术文化的传承。

"同济博士论丛"作为重要的科研文献资源,系统、全面、具体地反映了同济大学各学科专业前沿领域的科研成果和发展状况。它的出版是扩大传播同济科研成果和学术影响力的重要途径。博士论文的研究对象中不少是"国家自然科学基金"等科研基金资助的项目,具有明确的创新性和学术性,具有极高的学术价值,对我国的经济、文化、社会发展具有一定的理论和实践指导意义。

"同济博士论丛"的出版,将会调动同济广大科研人员的积极性,促进多学科学术交流、加速人才的发掘和人才的成长,有助于提高同济在国内外的竞争力,为实现同济大学扎根中国大地,建设世界一流大学的目标愿景做好基础性工作。

虽然同济已经发展成为一所特色鲜明、具有国际影响力的综合性、研究型大学,但与世界一流大学之间仍然存在着一定差距。"同济博士论丛"所反映的学术水平需要不断提高,同时在很短的时间内编辑出版 110 余部著作,必然存在一些不足之处,恳请广大学者,特别是有关专家提出批评,为提高同济人才培养质量和同济的学科建设提供宝贵意见。

最后感谢研究生院、出版社以及各院系的协作与支持。希望"同济博士论丛"能持续出版,并借助新媒体以电子书、知识库等多种方式呈现,以期成为展现同济学术成果、服务社会的一个可持续的出版品牌。为继续扎根中国大地,培育卓越英才,建设世界一流大学服务。

伍　江

2017 年 5 月

前 言

与传统类型的无线网络相比，无线自组织网络的显著特点是它不需要固定通信设施的支持，不依赖于固定的中心控制节点；它能随着节点的加入、退出和移动而进行自组织和自管理。自组织网络具备部署成本低、组网灵活等诸多优势，其应用前景广阔。在实现其诸多令人期待的应用之前，大量具有挑战性的问题有待解决。其中，具有代表性的问题之一便是从网络基本性能的角度，比如容量，探究网络的基础性质。网络性能标度律是自组织网络基础性质的重要表征之一。无线网络性能标度律是指当网络规模（节点数目）增大时，网络基本性能（如容量和延迟等）的变化规律。研究网络标度律主要是强调系统架构属性，而不用考虑过多的设计细节。标度律结果可以为设计实际网络通信机制提供架构性的理论指导，并为具体协议的高效性提供评价指标。本书的主要研究内容和创新点包括以下几个方面：

第一，研究静态功率受限自组织网络的组播容量标度律。本书证明，经典的协议模型和物理模型对于随机密集网而言，是合理的通信模型；而对于随机扩展网来讲，则是不现实和过于乐观的。因此，我们采用更为接近实际的高斯信道模型来研究无线自组织网络容量。本研究的结果更具一般性，体现在以下方面：① 直接研究组播容量，在标度律形式上统一了单播容量和广播容量；② 放宽了对会话数量的假设条件。本研究的主要贡献如下：① 提出了一个新的概念——网格视图(Lattice View)，并依此得出高斯信道模型下的组播容量上界；② 设计了二级组播路由机制，使得在大多数情况下，组播吞吐量能够达到容量上界。

第二，研究移动自组织网络性能的基本限制。本研究着力于大规模移动自组织网络的容量、延迟以及二者之间的权衡。不同于已有研究采用恒定速率通信模型，本研究首次采用自适应速率模型设计传输转发机制。运用该机制，减小了最优容量下的网络延迟。特别是证明了：根据节点自由度的变化，网络延迟在特定情况下会发生跃迁；并依此佐证了已有工作常用的 I. I. D. 移动模型的奇异性。这对于大规模移动网络的模型选择和协议设计具有一定的参考价值。

第三，研究无线混合网络可达渐近吞吐量。本研究针对一类由基站和自组织用户组成的无线混合网络(Wireless Hybrid Network)。相比于一般的单纯无线自组织网络，混合网络的组播机制设计更为复杂和多样化。针对经典的随机密集网和扩展网模型，综合考虑了多种组播机制，包括：单一自组织机制、单一基站转接机制以及混合机制。在混合机制下，进一步引入了连通路由机制和渗流路由机制；并设计了一种新的调度机制——并行传输调度机制。由此证明，针对大多数情况，并行调度机制皆能提高混合网络的容量；指出最优组播机制的选择依赖于基站和组播目的节点的数量，并推导出具体的阈值和相应的最优网络容量。这对于混合网络的组播机制设计具有一定的指导意义。

第四，研究大规模无线传感器网络的聚合容量。无线传感器网络中的一个关键应用就是数据汇集。在现实应用中，网络使用者往往并不需要所有的传感数据，而只想在 sink 节点上取到这些数据的一个特定函

数值。本研究针对大规模无线传感器网络的网络聚合容量,包括数据计算、聚合和传输能力。具体可分为以下两个部分:

1. 已有相关研究多采用协议和物理模型,并且针对密集网。本研究为首次采用可变速率的一般物理模型研究无线扩展传感器网络的聚合容量。主要贡献包括:① 提出了密集传感网和扩展传感网的判别标准;② 设计了适用于一般性聚合函数的聚合机制;③ 针对两类典型的聚合函数,给出了紧的容量上界;④ 设计了新的多 sink 聚合机制,得以进一步提高无线传感器网络的聚合容量。

2. 通过研究针对随机无线传感网的基于结构的聚合机制指出,网络聚合能力主要受限于两个因素:异类点和密集分支。为克服这两个限制为目标,设计了两类有效的协议,以提高系统的聚合吞吐和聚合效率的权衡。特别是证明了一种协议的可扩展性。

第五,研究无线自组织认知网络容量标度律。针对一类由主次两个重叠于同一个区域和频谱上的自组织网络组成的认知网模型展开。基于边渗流模型和泊松布林渗流模型,设计了三种组播机制:基于渗流的绕行机制、基于连通路径的绕行机制和基于连通性的规避机制。结合应用这三者,得到最优的容量下界。继而,定义了新的讨论方法,推导出系统的容量上界;并证明了下界在大多情况下是紧的。最后,给出主网和次网可以同时达到渐近组播容量上界的充分条件。

最后,对有待进一步研究的问题进行了讨论。

目 录

第1章 绪论

1.1 无线自组织网络概述

过去几十年间，无线通信和计算机网络技术不断进步，二者的相得益彰也促成了无线网络技术的迅猛发展。目前，无线网络的主流应用仍旧是蜂窝无线网络(Cellular Network)、无线局域网(Wireless Local Network，WLAN)、集群网络和卫星通信网络等模式。在这些网络中，往往只有“最后一跳”才涉及无线通信。具体来讲，在蜂窝网中，这个无线模式的最后一跳发生在基站和用户之间；而在 WLAN 中，则发生在 AP(Access Point)和终端用户之间；而基站/AP 之间的通信通常是通过有线的高容量链接完成。建设基站、AP 和高容量骨干网使得组网程序较复杂、成本较高，而且针对特定应用时，这类网络的鲁棒性也成为短板之一。一个顺理成章的理念便是去除这些基础设施，让节点之间直接通信，这便促成了无线自组织网络(Ad hoc Network)的产生。无线自组织网络最初应用于军事领域。20 世纪 70 年代，美国国防预先研究计划局(Defense Advanced Research Projects Agency，DARPA)针对战场临时通信的需求提出无线自组织网络(Ad hoc Network)的概念，最早的原型网络被称作分组无线网络(Packet

Radio Network,PRNET)[1]。此后,DARPA 又在 1983 年和 1994 年进行了抗毁可适应网络 SURAN(Survivable Adaptive Network)和全球移动信息系统 GloMo(Global Information System)项目的研究[2-3]。随着无线通信和终端技术的不断发展,自组织网络在民用环境下也得到了发展。

与传统类型的无线网络相比,无线自组织网络的显著特点是它不需要固定通信设施的支持,不依赖于固定的中心控制节点;无线自组织网络能随着节点的加入、退出和移动而进行自组织和自管理[4-5]。设计无线自组织网络面临比依托基础设施的传统无线网络更多的挑战。首先,自组织网络的分布式特性使得如何协调系统成为挑战之一。然而,更重要的挑战性问题则是由自组织网络对无线通信的全面依赖性导致的。这一关键的挑战表现为:在同一无线信道中同时进行的无线通信相互之间不可避免地要产生干扰,从而,对彼此的通信质量产生消极影响。实际上,干扰现象正是多用户无线通信的中心问题。在依托基础设施的网络中,这一问题被约束到了局部的“分区”之内。为了使得无线用户可以充分近的距离与基础设施(如基站)通信,需要以足够大的密度把足够多的基础设施部署到网络区域之内。因为无线信号随传输距离增大而衰减,从而,通过空间分割的手段,可保证无线通信之间没有过大的干扰,使得在同一无线信道上同时运行多个无线传输成为可能。当多个用户需要接入基础设施(如基站)时,不同用户的信号可通过时分、空分和码分的方式来分享频谱资源。如果基础设施足够充分,则通过这些分享资源的方式可获得满足用户一定需求的网络性能。在无线自组织网络中,解决干扰问题具有更大的挑战性。在网络中,根据通信业务需求,往往需要将数据做长距离的传输。简单地将资源分配给多个用户,将导致低劣的网络性能,从而不再是好的策略[6]。事实上,即使不考虑干扰的因素,受无线传输能量的约束,网络中的任意两点,如果距离过大,也并非可以直接进行通信。引入创新性的干扰管理方法,设计高性能的协议机制,成为无线自组织网络研究中亟须解决的问题。

自组织网络具备部署成本低、组网灵活等诸多优势，其应用前景广阔，包括抢险救灾、临时会议、智能家居、智能交通和军事野战通信等[7-10]，也可作为已有网络(包括有线和无线网络)的多跳扩展。自组织网络的具体应用范例如：可以在没有固定基础设施的会场中搭建，以进行数据的发布和共享；可以在家用环境中搭建，以各种无线终端为基础，构成无线个域网(Wireless Personal Area Network，WPAN)[8-10]；可以在救灾或者野外环境下搭建，由随机部署的自组织节点自发构成监测网络[11-13]。

在实现无线自组织网络这诸多令人期待的应用之前，大量具有挑战性的问题有待解决。其中，具有代表性的问题之一是从网络基本性能的角度，比如容量，探究网络的基础性质。针对给定的一个无线自组织网络，需要解决的基本问题包括：如何界定每个用户可维持的最大通信速率？这样的速率依赖于系统的哪些参数，用户数量、节点密度、会话模式或者能量的限制等？如何设计节点以及最优的通信策略达到最优的网络性能？作为网络基础性质的表征之一，自组织网络的标度律将对以上这些问题作出回答。本书的研究范围也将限定在标度律问题上。

1.2　无线网络标度律问题

无线网络的标度律是指当网络规模(节点数目)增大时，网络基本性能(包括容量和延迟等)的变化规律。无线网络具有线性标度律则表示其具备可扩展性；对于网络容量而言，则表示存在通信协议可以在效果上相当于消除共用无线频谱而产生的干扰。研究网络标度律主要是强调系统架构属性，而不用考虑过多的设计细节。标度律结果可以对设计实际网络通信机制提供架构性的理论指导，并为评价具体协议的高效性提供指标。

1.2.1 研究全景

(1) 标度律层次分类：信息理论界限和网络理论界限

给定无线网络，它的标度律首先依赖于对网络模型的假设。一般来讲，无线网络标度律可分为两个层次[5]。第一个层次是信息理论(Information-theretic)界限。这一级别的标度律是以网络信息论为基础给出网络性能的上界[14-17]，而在设计达到这一上界的最优策略时，往往需要引入更为复杂的物理层技术，使得合作通信(Cooperative Communication)可以运行[18-19]，诸如干扰消除(Interference Cancellation)[20]、MIMO[19,21]等技术。第二个层次是网络理论(Networking-theretic)界限。这种层次的标度律直观上可看做是有线网络对应的理论和方法在无线网络环境下的推广。但是，无线网络和有线网络之间显著的差异性导致了无线网络有着大量独特的挑战性问题。首先，在有线网络中，根据物理拓扑可以直接导出网络图，而在无线网络中，实际上只能通过对模型做简化性假设，人为地使无线网络关联于一个图。依据不同的模型假设，无线网络的关联图将有很大的不同。而且图中的链接不是独立的，一些链接若同时传输则会彼此产生干扰。如何处理这些干扰，是网络理论层次下的标度律研究的主要问题之一。

在网络理论界限的研究中，主要的特点是“干扰即噪声”。也就是说，节点之间只进行点对点的通信，而不引入任何的合作通信技术。无线网络容量标度律的开山之作[6]便是在网络理论层次下开展的。而且，已有文献中大多研究也都是设定在网络理论层次中，主要的原因在于现有的无线网络的物理层技术大多仍是限制在点对点通信的层次。尽管无线网络远非用一系列点对点的链接可以描述，“干扰即噪声”的假设也抹除了无线媒介典型特性，而且开发更为先进的物理层技术，是无线通信/网络领域的发展方向，但是，给出基于当前主流技术的网络标度律结果同样具有现实意义，而且，网络理论层次下的结果对进一步研究信息理论层次的标度律有一定的参考价值。在本书中，我们将研究网络理论层次的标度律。

（2）标度律研究分类

无线网络标度律研究依据各自采取系统模型的不同来分类。一般来讲，我们可以从以下几个方面来分类：部署模型、扩展模式、移动模型、通信/干扰模型和会话类别等。

部署模型：Gupta 和 Kumar[6]根据对网络部署的控制力度，定义了两种静态节点部署模型：任意网和随机网。在任意网中，节点的位置、源点之目的节点的选取以及网络的传输需求都可根据需要做设定。对于任意网的性能分析往往是研究网络的最优部署问题[6,22-24]。在随机网中，节点是随机部署在网络中的，而且源点的目的节点也假设是随机选取的。这些随机性导致网络性能往往不会优于任意网络的性能。在本书中，针对自组节点构成的网络，主要是研究同构随机网络模型。在图 1-1 中，着重给出了随机网络模型的分类。具体的定义，将在 2.1 节介绍。

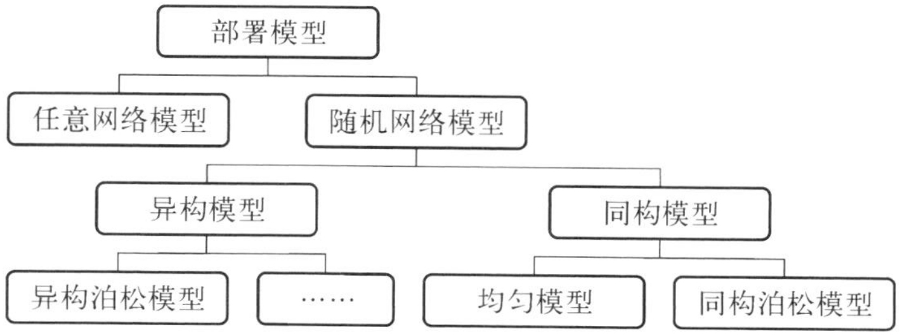

图 1-1 常见网络部署模型

扩展模式：扩展模式是指网络规模扩展的方式。两类典型的扩展模式是：密集式和扩展式。前者是部署区域面积不变，而节点数目增大，从而节点密度增大；后者是节点密度不变，节点数目增多，部署区域面积增大。二者在工程意义上的主要区别体现在干扰受限和覆盖/能量受限[19]。密集式网络是密集式的部署，接收端收到的信号具有充分大的信噪比（SNR），而网络吞吐量主要受限于同时进行的传输之间的干扰。扩展式网络是相对稀疏式的部署，通信的源点和目的节点的距离不断扩大，网络吞吐量受限于传输能量和干扰。实际上，两类网络只是一般密度网络的两个极端特例，一般性的扩展模式可以通过引入一般的密度参数来描述。具体的定义，在 2.1 节介绍。

移动模型：一般来讲，无线网络的移动模型主要有两大类：运动轨迹和综合模型。所谓运动轨迹，是从现实生活中的运动系统中观察到的移动模式；从充分的实践和观察中得到的这种轨迹通常能够提供准确的信息。但是，对于新的网络系统而言，在未掌握其现实的运行轨迹的情况下，建模是非常困难的。针对这种情况，就要运用综合模型(Synthetic Models)。综合模型的目的是，在没有运行轨迹等数据的情况下表达出节点的移动模式。在本书中，将只考虑综合模型。一般来讲，综合模型分为综合实体移动模型(节点的移动是独立的)和综合组移动模型(节点的移动依赖于组内其他节点的移动)。将在 2.2 节介绍这些移动模型。在本书中，着重考虑以下几类常见综合实体移动模型：I. I. D. 模型、随机行走模型、随机路点模型和布朗模型。另外，也研究了一般化的混合随机游走移动模型和离散随机方向移动模型[25]。依据一定的参数取值，常见的随机游走移动模型、I. I. D. 移动模型、随机路点移动模型、离散和布朗模型均可看做这两类模型的特例。将在第 4 章具体介绍。

通信模型：通信/干扰模型是体现标度律层次的重要角度之一。通常来讲，网络理论层次下的通信模型是对现实中的无线信道做了抽象和简化，其定义本身便能体现出“干扰即噪声”这一假设条件[6]；而针对信息理论界限的通信模型则需要更为贴切的反映真实无线广播信道。在图 1-2 中，着重给出了网络理论层次下的通信模型的分类。各种通信模型的定义以及它们之间的关系，在 2.3 节介绍。

会话类别：在无线网络中，按信息流业务的需求，信息传输的会话类别

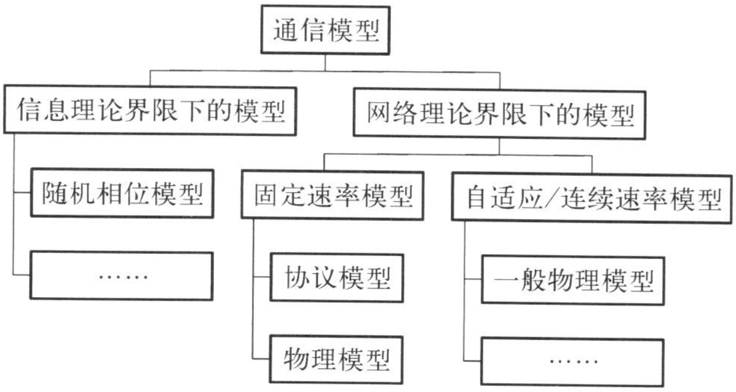

图 1-2　常用通信模型

通常可分为信息分发(Information Dissemination)和信息汇集(Information Gathering);按源节点与目的节点对应关系的确定性,可分为确定型会话(Deterministic Session)和机会型会话(Opportunistic Session)。在确定型会话中,数据产生之时,其目的节点已经确定;而在机会型会话中,路由和目的节点都可根据某些随机事件动态变化。在表 1-1 中,给出了常见的会话类别,具体定义在 2.4 节给出。在本书中,研究确定型的会话类别。

表 1-1　常见的会话类别

	确定型会话	机会型会话
信息分发/单源点	单播	任播
	广播	
	组播	选播
信息汇集/多源点	数据收集	未定义
	收敛会话	
	……	

针对标度律问题的已有工作中的模型设置一般都可以看做是以上几类模型的组合。近来,相关研究中的一个趋势便是力图给出一般化、普遍性的结果。这种"一般化"正是体现在模型的综合性当中。比方说,最初的

网络容量标度律工作通常考虑的会话模型是单播，部署模型是均匀密度网络，扩展模型是密集网，通信模型是固定速率模型；其后，一些研究者开始把结果扩展到广播的情况；继而，开始有研究者把单播和广播作为组播的两个特例，给出一般性的组播标度律，并且统一了之前关于单播和广播的结果；另一方面，开始有研究者观察到固定速率模型的局限性，开始引入更为现实的自适应速率模型，给出新的通信模型下的标度律，具体的研究也是从会话类别、部署模型、扩展模式和移动模型等多个方面，沿着从特例到一般的脉络开展。

1.2.2 研究挑战

网络标度律的研究基本是沿着纵向加深和横向拓展两个方向来开展。所谓纵向加深，是指采用系统模型的一般性和现实性越来越强，得到的结论对现实布网的指导性也越来越贴切。所谓横向拓展，是指研究自组织网络的多样性和全面性越来越强，针对各式典型自组织网络形态的结果越来越充分。

(1) 更现实的系统模型，更准确的理论界限

由于标度律的主要作用便是对设计实际网络通信机制提供架构性的理论指导，为评价具体协议的高效性提供指标，所以，评价标度律结果的优劣主要取决于研究模型的现实性。因此，标度律研究的主要挑战可以用一句简单的话来描述："针对更为现实的模型，给出更为准确的结果。"

与其他系统分析类的问题无异，标度律的研究中也存在着模型现实性和结果解析化之间的权衡。举例来讲，协议模型具有易于分析的特性。在采取协议模型的工作中，分析相对更为简单，结果更为简洁。但是，作为一种对无线通信做极端简化的模型，协议模型针对很多网络场景都是不现实的。本书的工作重心之一便是以更现实的建模，设计更高效的机制，给出更优的结论。

（2）一般化的网络模型，全面性的分析结论

“自组织”实际上是一种组网理念。无线自组织网络并非特指某种网络。现有诸如无线传感器网络（Wireless Sensor Network，WSN）[11,26-28]、移动自组织网络（Mobile Ad hoc Network，MANET）[29]、无线Mesh网络（Wireless Mesh Network，WMN）[30-31]和车载网络（Vehicular Ad hoc Network，VANET）[32-35]等都属于无线自组织网络的概念范畴。另外，融合传统的无线网络（如蜂窝网）和无线自组织网络而形成的混合无线网络，在技术层面上，也与一般无线自组织网络有着显著的交集[4,30]。在无线混合网络中，一方面，利用自组织节点的多跳转发功能，原有通信系统的覆盖区域得到拓展，整体性能得到提升，另一方面，自组织网络依托传统无线网络中的基础设施辅助也能使得其性能相对于纯自组织网络得到一定提高[4,30]。各种无线自组织网络之间在有着“自组织”共性的同时，也具有差异性较大的特性。给出一般化自组织网络的标度律，也是本书的工作重心，选取五类具有代表性的自组织网络，进行标度律问题的研究，包括：静态自组织网络、移动自组织网络、无线混合网络、无线传感器网络和无线自组织认知网络。

1.3 本书研究内容

本书针对无线网络标度律问题的研究正是依据纵向加深和横向拓展两个方向来进行。主要的贡献和创新点如下：

第一，静态功率受限自组织网络的组播容量标度律的研究

Gupta和Kumar在其开创性工作[6]中提出了两种通信干扰模型：协议模型和物理模型。大部分的后续工作都采用这两种模型。另一方面，从密度（扩展）模式来看，随机网络有两种代表性的模型：随机密集网和随机

扩展网。由此证明，协议模型和物理模型对于随机密集网而言，是合理的通信模型；而对于随机扩展网来讲，则是不现实的。本书采用更为接近实际的高斯信道模型研究无线自组织网络容量。结果更具一般性，体现在以下方面：① 直接研究组播容量，在标度律形式上统一单播容量和广播容量；② 放宽了对会话数量的假设条件。主要贡献如下：① 提出了一个新的概念——网格视图（Lattice View），并依此得出高斯信道模型下的组播容量上界；② 设计了二级组播路由机制，使得在大多数情况下，组播吞吐量能够达到容量上界。

第二，移动自组织网络性能的基本限制的研究

本书着力于大规模移动自组织网络的容量、延迟以及二者之间权衡的研究。不同于已有工作采用恒定速率通信模型，首次采用自适应速率模型设计传输转发机制。运用该机制，减小了最优容量下的网络延迟。特别地，由此证明，根据节点自由度的变化，网络延迟在特定情况会发生跃迁；并依此佐证了已有工作常用的 I. I. D. 模型的奇异性。这对于大规模移动网络的模型选择和协议设计具有一定的参考价值。

第三，无线混合网络可达渐近吞吐量研究

本书研究一类由基站和自组织用户组成的无线混合网络（Wireless Hybrid Network）。相对于一般的单纯的无线自组织网络，混合网络的组播机制设计更为复杂和多样化。针对经典的随机密集网和扩展网模型，综合考虑了多种组播机制，包括：单一自组织机制、单一基站转接机制以及混合机制。在混合机制下，进一步引入了连通路由机制和渗流路由机制；并设计了一种新的调度机制——并行传输调度机制。由此证明，针对大多数情况，并行调度机制皆能提高混合网络的容量；并指出，最优的组播机制选择依赖于基站的数量和组播目的节点的数量，并推导出具体的阈值和相应的最优网络容量。这对于混合网络的组播机制设计具有一定的指导意义。

第四，大规模无线传感器网络的聚合容量研究

无线传感器网络中的一个关键应用就是数据汇集。在现实应用中，网络使用者往往并不需要所有的传感数据，而只想在汇聚(Sink)节点上取到这些数据的一个特定函数值。本研究针对大规模无线传感器网络的网络聚合容量，包括数据计算、聚合和传输能力。具体可分为两个部分：

1. 相关已有工作多采用协议和物理模型，并且针对密集网研究。本书为首次采用可变速率的一般物理模型研究无线扩展传感器网络的聚合容量。主要贡献包括：① 提出了密集传感网和扩展传感网的判别标准；② 设计了适用于一般性聚合函数的聚合机制；③ 针对两类典型的聚合函数(Type-sensitive 函数和 Type-threshold 函数)，给出了紧的容量上界；④ 设计了新的多 sink 聚合机制，得以进一步提高无线传感器网络的聚合容量。

2. 通过研究针对随机无线传感网的基于结构的聚合机制，本书指出，网络聚合能力主要受限于两个因素：异类点(Outliers)和密集分支(Dense Components)。以克服这两个限制为目标，设计了两类有效的协议，得以提高系统的聚合吞吐和聚合效率的权衡。特别是证明了一种协议的可扩展性。

第五，无线自组织认知网络容量标度律研究

当前，随着各种无线通信系统的大量建设，频谱资源变得越来越匮乏；而同时，有相当比例的频谱未能得到高效应用。认知网络(Cognitive Network)作为解决这一问题的重要技术被提出，并很快成为近年来的热点研究方向。针对一类由主次两个重叠于同一个区域和频谱上的自组织网络组成的认知网模型展开研究。基于边渗流模型和泊松布林渗流模型，我们设计了三种组播机制：基于渗流的绕行机制、基于连通路径的绕行机制和基于连通性的规避机制。结合应用这三者，得到最优的容量下界。继而定义了新的讨论方法，推导出系统的容量上界；并证明了下界在大多情况下是紧的。最后，给出主网和次网可以同时达到渐近组播容量上界的充分条件。

1.4 本书结构

本书共八章，组织结构如下：

第 1 章为绪论，介绍无线自组织网络的基本概念、特点、应用以及研究现状。分析无线网络标度律的研究意义和挑战，并简述本研究的内容和组织结构。

第 2 章介绍系统模型。给出相关概念的定义，为常见模型做出分类，并分析各种模型之间的关系。

第 3 章研究静态功率受限自组织网络的组播容量标度律。提出新的容量分析方法，给出组播容量上界；设计多级组播策略，以达到最优吞吐量。

第 4 章研究移动自组织网络性能的基本限制。考虑一般化的移动模型，引入自适应速率的通信模型，设计新的转发路由机制，提升已有工作的结果。

第 5 章研究混合无线网络的渐近性能。提出三种典型组播路由机制，推导关于基站和会话终端数目的阈值，给出混合无线网络的最优组播吞吐量策略。

第 6 章研究大规模无线传感器网络的聚合容量。针对一般可分函数，设计高效聚合机制，给出两类函数的聚合容量的紧界(Tight Bound)；基于多汇聚节点，设计并行聚合机制，得以大幅提高网络的聚合吞吐量；针对一般密度的随机传感器网络，设计可扩展(Scalable)的聚合机制，给出聚合吞吐量和汇集效率的权衡。

第 7 章研究自组织认知网络的容量标度律。对于主自组织网络的两种经典组播策略，为次自组织网络设计了相应的组播策略；在保证不影响主网吞吐量阶的情况下，使次网的吞吐量在某些情况下达到渐近最优。

第 8 章总结全书并展望未来的工作。

第2章 系统模型

首先从网络的结点部署模型、移动模型以及通信模型三个方面介绍和讨论本书将涉及的模型。继而定义传输会话的类别以及网络的容量和延迟。

在本书中，记一个事件 E 的概率为 $\Pr(E)$。只考虑以高概率发生的事件，即，当网络规模（节点数量）趋向无穷时，概率趋向于 1 的事件。

2.1 静态节点部署模型

Gupta 和 Kumar[6] 定义了两种静态节点部署模型：任意网和随机网。

2.1.1 任意部署模型

在任意网中，节点的位置、源点之目的节点的选取以及网络的传输需求都可根据需要做设定。对于任意网的性能分析往往是研究网络的最优部署问题。

2.1.2　随机部署模型

在随机网中，节点是随机部署在网络中的，而且源点的目的节点也假设是随机选取的。这些随机性导致网络性能往往不会优于任意网络的性能。在本书中，针对自组织节点构成的网络，主要是研究随机网。

（1）纯随机自组织网络

主要研究两类典型的同构随机网络构成。异构随机网络将作为下一步工作的重点之一[36-39]。

a. 均匀分布随机网络

将 n 个节点随机均匀地分布在一个面积为 A 的正方形区域 $\mathcal{R}(n, A)=[1, \sqrt{A}]\times[1, \sqrt{A}]$, $A\in[1, n]$ 中，得到的网络，记为 $\mathcal{N}_u(n, A)$。

b. 泊松分布随机网络

在二维平面上以密度为 $\lambda\in[1, n]$ 的泊松点过程随机布点，并将考虑区域约束到一个正方形区域 $\mathcal{R}(n, n/\lambda)=[1,\sqrt{n/\lambda}]\times[1,\sqrt{n/\lambda}]$，得到的网络记为 $\mathcal{N}_p(n, \lambda)$。根据 Chebyshev 不等式（引理 3.1），区域 $\mathcal{R}(n, n/\lambda)$ 内的节点数目以高概率介于 $[(1-\epsilon)n, (1+\epsilon)n]$ 之间，其中，$\epsilon>0$ 是一任意小的常数。为了简化描述，本书将假设 $\mathcal{N}_p(n, \lambda)$ 的节点数目为 n，这不会影响最终结果的阶（order）。

（2）混合（静态）随机网络

在网络 $\mathcal{N}_u(n, A)$（或 $\mathcal{N}_p(n, \lambda)$）中，以网格形式规则的布置 b 个基站，并以高带宽的（有线）链路连接这些基站，从而得到相应的混合（静态）无线网络，记为 $\mathcal{N}_u^h(n, A, b)$（或 $\mathcal{N}_p^h(n, \lambda, b)$）。所谓网格形式是指，将区域 $\mathcal{R}(n, A)$（或 $\mathcal{R}(n, n/\lambda)$）分为 b 个方形子区域$\left(\text{面积为 } \dfrac{A}{b} \text{ 或 } \dfrac{n}{\lambda b}\right)$，并且将每个基站置于一个子区域的中心。如图 2-1 所示。

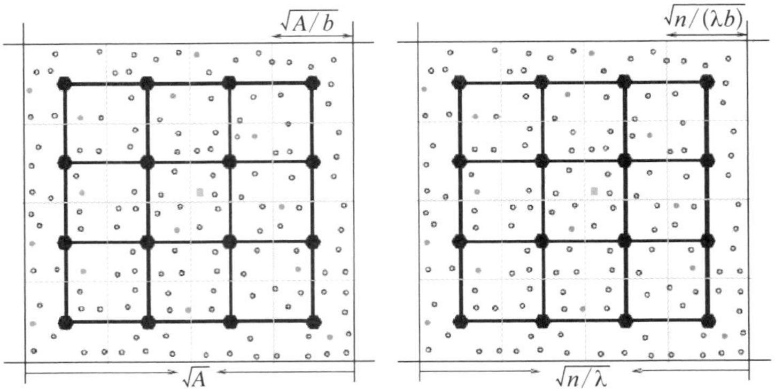

图 2-1 混合静态随机网络 $\mathcal{N}_u^h(n, A, b)$ 和 $\mathcal{N}_p^h(n, \lambda, b)$

2.2 随机移动模型

2.2.1 移动自组织网络模型

在移动自组织网络中，网络性能与节点的移动模型密切相关。一般来讲，无线网络的移动模型主要有两大类：运动轨迹和综合模型。所谓运动轨迹，是从现实生活中的运动系统中观察到的移动模式；从充分的实践和观察中得到的这种轨迹通常能够提供准确的信息。但是，对于新的网络系统而言，在未掌握其现实的运行轨迹的情况下，建模是非常困难的。针对这种情况，要运用综合模型（synthetic models）。综合模型的目的是，在没有运行轨迹等数据的情况下表达出节点的移动模式。本书只考虑综合模型。一般来讲，综合模型分为综合实体移动模型（节点的移动是独立的）和综合组移动模型（节点的移动依赖于组内其他节点的移动）。根据文献[40]中的总结，大致有 7 种常见的实体移动模型和 5 种常见的组移动模型，如表 2-1 和表 2-2 所列。各种模型的具体描述请参考文献[40]。

表 2-1　七种常见的综合实体移动模型

模型名称	模型简单描述
随机走移动模型（Random Walk Mobility Model）	简单的基于随机方向和速率的模型
随机路点移动模型（Random Waypoint Mobility Model）	基于随机停留时间、目的位置和速率的模型
随机方向移动模型（Random Direction Mobility Model）	节点一直移动至边界才改变方向和速率的模型
无边界仿真区域移动模型（A Boundless Simulation Area Mobility Model）	将矩形部署区域假设为环（Torus）的模型
高斯马尔科夫移动模型（Gauss-Markov Mobility Model）	通过一个调制参数来设定随机程度的模型
概率随机走移动模型（A Probabilistic Version of the Random Walk Mobility Model）	以概率确定移动节点的下一个位置的模型
城市街区移动模型（City Section Mobility Model）	以城市街区布局特点构建仿真区域的模型

表 2-2　五种常见的综合组移动模型

模型名称	模型简单描述
指数相关移动模型（Exponential Correlated Random Mobility Model）	一种以移动函数描述移动的组模型
列移动模型（Column Mobility Model）	组内移动节点排成一线并一致向特定方向移动的模型
游牧移动模型（Nomadic Community Mobility Model）	组内节点一起由一个位置移动到另外位置的模型
追踪移动模型（Pursue Mobility Model）	组内节点一起跟踪一个目标的模型
参照点组移动模型（Reference Point Group Mobility Model）	组内节点依据一个逻辑中心的轨迹移动的模型

本书着重考虑两大类综合实体移动模型：混合随机游走移动模型

(Hybrid Random Walk Models)和离散随机方向移动模型(Discrete Random Direction Models)。依据一定的参数取值,常见的随机游走移动模型、I. I. D. 移动模型、随机路点移动模型、离散和布朗模型均可看做这两类模型的特例。将在第 4 章具体介绍。

2.2.2 移动混合网络模型

本书通过在移动自组织网络中引入规则部署的基站,构造移动混合网络。对于移动混合网络中节点的最初部署,设定为混合网络 $\mathcal{N}_u^{h,m}(n, A, b)$,其中自组节点将依据一定的移动模型移动。

2.2.3 网络的静态时间片和节点表示

(1) 静态时间片

当时间分为充分小的时间片时,可以假设节点的位置在这些小时间片中是近似不动的。把这种时间片称为静态时间片,并将其长度定义为 L_s。特别是,可将静态网络看作是特殊移动模型下的网络。从而,对于静态网络,$L_s = \infty$。

(2) 网络节点的表示方法

在一个有 n 个节点的网络中,有 $n(n-1)$ 条可能的直接通信的链接。每个链接关联于唯一一个发收节点对。对于任意有向链接 i,用 $\mathbf{t}_i$ 和 $\mathbf{r}_i$ 来分别表示发送节点和接收节点。特别是,将用 i^t,$\mathbf{t}_i^t$ 和 $\mathbf{r}_i^t$ 表示 i,$\mathbf{t}_i$ 和 $\mathbf{r}_i$ 在静态时间片 t 中的状态。

2.3 通信/干扰模型

针对网络理论界限和信息理论界限,将引入不同的通信模型。

2.3.1 针对网络理论界限的通信模型

针对网络理论界限的通信模型中，最主要的原则是接收点上收到的干扰信号将全部作为噪声处理。下面在带宽为 $B=\Theta(1)$ 的假设下介绍常见的模型：协议干扰模型、物理干扰模型和一般物理干扰模型。

(1) 协议干扰模型

协议干扰模型可以进一步分为固定距离协议模型和 SIR 协议模型。前者经常运用在随机网络中，后者则经常运用在任意网中。

设 $\varepsilon(n)$ 为基于任意放置的 n 个点的所有可能边的集合。令集族 $\mathfrak{S}^{\mathrm{f}}_{\mathrm{pro}}(r,\ \Delta_{\mathrm{f}})$ 和 $\mathfrak{S}^{\mathrm{s}}_{\mathrm{pro}}(\Delta_{\mathrm{s}})$ 分别由所有在固定距离协议模型和 SIR 协议模型下可以同时调度的边集合组成。

定义 2.1　固定距离协议模型

在固定距离协议模型 $\mathfrak{S}^{\mathrm{f}}_{\mathrm{pro}}(r,\ \Delta_{\mathrm{f}})$ 下，以下两点成立：

1) $\mathcal{S}^t\in\mathfrak{S}^{\mathrm{f}}_{\mathrm{pro}}(r,\ \Delta_{\mathrm{f}})\Leftrightarrow$ 对 $\forall\ i^t,\ j^t\in\mathcal{S}^t$，有 $|\mathbf{t}^t_j-\mathbf{r}^t_i|\geqslant(1+\Delta_{\mathrm{f}})r$ 并且 $|\mathbf{t}^t_i-\mathbf{r}^t_i|\leqslant r$，

2) 当 $\mathcal{S}^t\in\mathfrak{S}^{\mathrm{f}}_{\mathrm{pro}}(r,\ \Delta_{\mathrm{f}})$ 中的所有链接被同时调度时，任意一链接 j^t 的速率可达

$$R^{\mathrm{pro}-f,\ t}_j=B\times 1\cdot\{j^t\in\mathcal{S}^t\},$$

其中，r 是通信半径，$\Delta_{\mathrm{f}}>0$ 是预设常数，$(1+\Delta_{\mathrm{f}})\cdot r$ 表示干扰半径。

定义 2.2　SIR 协议模型

在 SIR 协议模型 $\mathfrak{S}^{\mathrm{s}}_{\mathrm{pro}}(\Delta_{\mathrm{s}})$ 下，以下两点成立：

1) $\mathcal{S}^t\in\mathfrak{S}^{\mathrm{s}}_{\mathrm{pro}}(\Delta_{\mathrm{s}})\Leftrightarrow$ 对 $\forall\ i^t,\ j^t\in\mathcal{S}^t$，有 $|\mathbf{t}^t_j-\mathbf{r}^t_i|\geqslant(1+\Delta_{\mathrm{s}})\,|\mathbf{t}^t_i-\mathbf{r}^t_i|$，

2) 当 $\mathcal{S}^t\in\mathfrak{S}^{\mathrm{s}}_{\mathrm{pro}}(\Delta_{\mathrm{s}})$ 中的所有链接被同时调度时，任意一链接 j^t 的速率可达

$$R^{\mathrm{pro}-s,\ t}_j=B\times\mathbf{1}\cdot\{j^t\in\mathcal{S}^t\},$$

其中，$\Delta_s > 0$ 是预设常数。

(2) 物理干扰模型

记 $\mathfrak{S}_{phy}(\alpha, \beta)$ 为所有物理模型下可行调度集的集合。

定义 2.3　物理模型

在物理模型 $\mathfrak{S}_{phy}(\alpha, \beta)$ 下，以下两点成立：

1) $\mathcal{S}^t \in \mathfrak{S}_{phy}(\alpha, \beta) \Leftrightarrow$ 对 $\forall\ i^t, j^t \in \mathcal{S}^t$，有

$$\mathrm{SINR}_i^t = \frac{P_i \mid \mathbf{t}_i^t - \mathbf{r}_i^t \mid^{-\alpha}}{N_0 + \sum_{j \in \mathcal{S}^t - \{i\}} P_j \mid \mathbf{t}_j^t - \mathbf{r}_i^t \mid^{-\alpha}} \geqslant \beta,$$

2) 当 $\mathcal{S}^t \in \mathfrak{S}_{phy}(\alpha, \beta)$ 中的所有链接被同时调度时，任意一链接 i^t 的速率可达

$$R_i^{\mathrm{phy},\, t} = B \times \mathbf{1} \cdot \{i^t \in \mathcal{S}^t\},$$

其中，$\alpha > 2$ 为能量衰减指数，$N_0 > 0$ 表示环境噪声，$\beta > 0$ 是预设的 SINR 的常数阈值，P_i 为节点 $\mathbf{t}_i^t$ 的发射功率。

(3) 一般物理干扰模型

记 $\mathfrak{S}_{gau}(\alpha)$ 为所有一般物理模型下可行调度集的集合。

定义 2.4　一般物理模型

在一般物理模型 $\mathfrak{S}_{gau}(\alpha)$ 下，对于任意调度集 $\mathcal{S}^t$，链接 $i^t \in \mathcal{S}^t$ 的速率可达到

$$R_i^{\mathrm{gau},\, t} = B \times \mathbf{1} \cdot \{i^t \in \mathcal{S}^t\} \times \log(\mathbf{1} + \mathrm{SINR}_i^t),$$

其中，$\mathrm{SINR}_i^t = \dfrac{P_i \mid \mathbf{t}_i^t - \mathbf{r}_i^t \mid^{-\alpha}}{N_0 + \sum_{j \in \mathcal{S}^t - \{i\}} P_j \mid \mathbf{t}_j^t - \mathbf{r}_i^t \mid^{-\alpha}}$，$l(\cdot)$ 是能量衰减函数。

无线传播信道通常会涉及路径损耗、阴影衰落效应和多径衰落效应等。在物理模型和下面将介绍的一般物理模型中，可忽略阴影衰落和多径衰落两种效应，而假设信道增益仅仅依赖于发收节点间的距离。对密集网

络和扩展网络，设定信号衰减函数分别为

$$l(\mathbf{t}_i^t, \mathbf{r}_i^t) = |\mathbf{t}_i^t - \mathbf{r}_i^t|^{-\alpha} \text{ 和 } l(\mathbf{t}_i^t, \mathbf{r}_i^t) = \min\{|1, \mathbf{t}_i^t - \mathbf{r}_i^t|^{-\alpha}\}.$$

（4）三种干扰模型的关系

现在研究以上三种网络理论层次下的通信模型之间的关系，并依据现实性和能量优化的要求，选择出最优的模型。

首先，介绍物理模型和协议模型之间的关系[6,41]。

引理 2.1　物理模型和协议模型的关系

对于任意的物理模型 $\mathfrak{S}_{\text{phy}}(\alpha, \beta)$，存在一个固定距离协议模型 $\mathfrak{S}_{\text{pro}}^{\text{f}}(r, \Delta_{\text{f}})$ 和 SIR 协议模型 $\mathfrak{S}_{\text{pro}}^{\text{s}}(\Delta_{\text{s}})$ 使得

$$\mathfrak{S}_{\text{pro}}^{\text{f}}(r, \Delta_{\text{f}}) \subseteq \mathfrak{S}_{\text{phy}}(\alpha, \beta) \subseteq \mathfrak{S}_{\text{pro}}^{\text{s}}(\Delta_{\text{s}}),$$

其中，Δ_{f}，r，α，β 和 Δ_{s} 满足以下条件：

$$r = \max\{|\mathbf{t}_i^t - \mathbf{r}_i^t| \mid i^t \in \mathcal{S}^t \text{ for all } \mathcal{S}^t \in \mathfrak{S}_{\text{phy}}(\alpha, \beta)\},$$

$$\Delta_{\text{f}} \geqslant \frac{P \cdot c(\alpha) \cdot r^{\alpha-1} \cdot \beta}{P - N_0 \cdot r^{\alpha} \cdot \beta}$$

$$\Delta_{\text{s}} \leqslant \beta^{\frac{1}{\alpha}} - 1,$$

其中，在 $\alpha > 2$ 的情况下，$c(\alpha) = \sum_{i=1}^{\infty} 2 \cdot \lceil \pi(2i+2) \rceil \cdot i^{-\alpha}$ 是一个常数。

根据引理 2.1，对于任意一个固定距离协议模型下的通信策略 **S**，存在一个物理模型使得 **S** 在其之下仍为有效。也就是说，通过调整参数，物理模型下的网络容量不小于固定距离协议模型下的网络容量。

下面推导物理模型和一般物理模型之间的关系。

引理 2.2　物理模型和一般物理模型的关系

对于任意物理模型 $\mathfrak{S}_{\text{phy}}(\alpha, \beta)$，有以下三点成立：

1）对任意 $\beta > 0$，$\mathfrak{S}_{\text{phy}}(\alpha, \beta) \subseteq \mathfrak{S}_{\text{gau}}(\alpha)$，

2）当 $\beta = \Theta(1)$，对 $\forall\, \mathcal{S}^t \in \mathfrak{S}_{\text{phy}}(\alpha, \beta)$，对 $\forall\, i^t \in \mathcal{S}^t$，有 $R_i^{\text{phy}, t} =$

$\Theta(R_i^{\text{gau},t})$；对 $\forall\, \mathcal{S}^t \in \mathfrak{S}_{\text{gau}}(\alpha)$，对 $\forall\, i^t \in \mathcal{S}^t$，有 $R_i^{\text{phy},t} = O(R_i^{\text{gau},t})$。

3) 当 $\beta = o(1)$，对 $\forall\, \mathcal{S}^t \in \mathfrak{S}_{\text{phy}}(\alpha, \beta)$，对 $\forall\, i^t \in \mathcal{S}^t$，有 $R_i^{\text{phy},t} = \Omega(R_i^{\text{gau},t})$。特别地，对满足条件 $\text{SINR}_i^t = o(1)$ 和 $\text{SINR}_i^t > \beta$ 的链接，有 $R_i^{\text{phy},t} = \omega(R_i^{\text{gau},t})$。

证明 第一个结论是显然成立的。首先证明第二个结论。若 $i^t \in \mathcal{S}^t$，$\mathcal{S}^t \in \mathfrak{S}_{\text{phy}}(\alpha, \beta)$，则 $\text{SINR}_i^t > \beta$。从而，$R_i^{\text{phy},t} = B$。在模型 $\mathfrak{S}_{\text{gau}}(\alpha)$ 下，有

$$R_i^{\text{gau},t} = B\log(1 + \text{SINR}_i^t) = \Theta(B \cdot \text{SINR}_i^t) = \Theta(B).$$

若 $i^t \in \mathcal{S}^t$，$\mathcal{S}^t \notin \mathfrak{S}_{\text{phy}}(\alpha, \beta)$，那么 $R_i^{\text{phy},t} = 0$。因此，

$$R_i^{\text{phy},t} = O(R_i^{\text{gau},t}).$$

与之类似，可得到第三个结果。 □

根据引理 2.2，当 $\beta = \Theta(1)$ 时，物理模型 $\mathfrak{S}_{\text{phy}}(\alpha, \beta)$ 下网络容量的阶不大于一般物理模型 $\mathfrak{S}_{\text{gau}}(\alpha)$ 下的阶；当 $\beta = o(1)$ 时，对于所有满足条件 $\text{SINR}_i^t = o(1)$ 和 $\text{SINR}_i^t > \beta$ 的链接，在物理模型 $\mathfrak{S}_{\text{phy}}(\alpha, \beta)$ 下，有 $R_i^{\text{phy},t} = \Theta(1)$。这显然是不现实和过于乐观的。

综上所述，基于模型的现实性和容量优化方面的考虑，一般物理模型是比协议模型和物理模型更优的通信模型。

另外，在研究中，通常将协议模型和物理模型归为固定速率（Fixed-rate）模型（FCM）；把一般物理模型归为自适应速率（Adaptive-rate）模型（ACM）。

2.3.2 针对信息理论界限的通信模型

在研究信息理论界限时，针对通信模型，通常做如下定义：通信发生在一个平坦衰落信道上[42-48]，且链接 i 的收发点在时隙 t 的复基带等效信道增益为 $H_i[t] = \sqrt{G} \cdot |\mathbf{t}_i^t - \mathbf{r}_i^t|^{-\alpha/2} \cdot \exp(j\,\theta_i[t]) = \sqrt{G} \cdot |\mathbf{t}_i^t - \mathbf{r}_i^t|^{-\alpha/2} \cdot$

$(\cos\theta_i[t]+\sin\theta_i[t])$，其中，$\cos\theta_i[t]$ 表示在时间 t 随机均匀分布在 $[0, 2\pi]$ 的相位。假设 $\{\theta_i[\cdot]$,对所有链接 $i\}$ 是一系列独立同分布的随机过程，且假设其与 i 的长度无关。注意信道是随机的,且依赖于用户位置和相位。在通信时用户位置被假设为固定的。相位的变化被假设为一个稳态遍历的形式(快速衰落[49-56])。假设信道增益是所有节点都知道的信息。参数 G 和 α（能量路径衰减指数)被假设为常数。节点 o 在时间 t 收到的离散时间复基带信号为

$$Y_o[t]=\sum\nolimits_{i\in\mathcal{S}^t} H_i[t]\cdot X_i[t]+Z_o[t]$$

其中，$X_i[t]$ 是 $\mathbf{t}_i^t$ 在时间 t 发射信号的强度,其平均能量约束为

$$E(|X_i[t]|^2)\leqslant\frac{P}{W},$$

$Z_o[t]$ 为方差为 N_0 的循环对称复高斯噪声[57-63]。

2.4　传输会话类别

在无线网络中,按信息流业务的需求,信息传输的会话类别通常可分为信息分发（Information Dissemination）和信息汇集（Information Gathering);按源节点与目的节点对应关系的确定性,可分为确定型会话(Deterministic Session)和机会型会话(Opportunistic Session)。在确定型会话中,数据产生之时,其目的节点已经确定;而在机会型会话中,路由和目的节点都可根据某些随机事件动态变化。

在信息分发会话中,通常假设每个会话只有一个源节点。定义一个一般的信息分发会话为 $(n, m, d)-\mathrm{cast}$，其中，$1\leqslant d\leqslant m\leqslant n-1$，$n$ 为网络中可充当源和目的的节点总数。在一个会话 $(n, m, d)-\mathrm{cast}$ 中,每个

源节点对应一个由 m 个可行目的节点组成的集合，称之为可行目的集合；该会话被完成当且仅当数据传输到可行目的集合的任意势为 d 的子集。

在信息汇集会话当中，则假设每个会话有多个源节点并且只有一个目的节点。在无线传感器网络中的，数据收集（Data Collection）和数据聚合（Data Aggregation）等应用经常用到这种会话形式。表 2-3 中给出了常见的一些会话形式。图 2-2 中给出了常见的信息分发会话模式和它们之间的关系。

表 2-3　常见的会话类别

<table>
<tr><th></th><th>确定型会话</th><th>机会型会话</th></tr>
<tr><td rowspan="3">信息分发
会话/单源</td><td>单播 Unicat(n, 1, 1)—cast</td><td rowspan="2">任播 Anycast
(n, m, 1) — cast</td></tr>
<tr><td>广播 Broadcast
(n, $n-1$, $n-1$) — cast</td></tr>
<tr><td>组播 Multicast (n, m, m) — cast</td><td>选播 Manycast
(n, m, d) — cast</td></tr>
<tr><td rowspan="3">信息汇集
会话/多源</td><td>数据收集 Data Collection</td><td rowspan="3">未定义</td></tr>
<tr><td>收敛会话 ConvergeCast</td></tr>
<tr><td>……</td></tr>
</table>

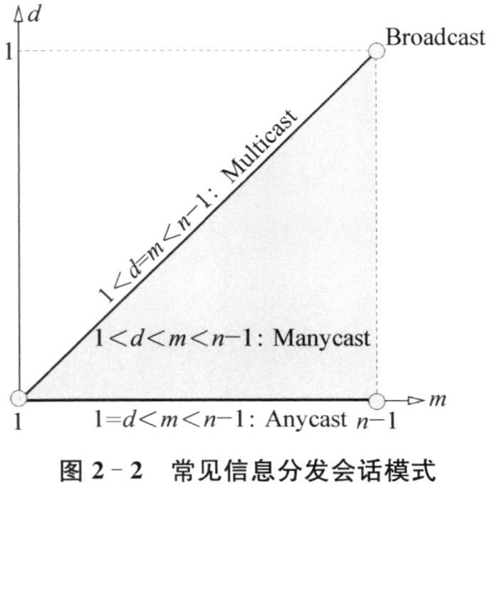

图 2-2　常见信息分发会话模式

2.5 网络容量和延迟

本书中遵循文献[6]中对网络容量的定义，并且综合考虑三种延迟，包括：等待延迟（Waiting Delay）、处理延迟（Processing Delay）和传输延迟（Transmission Delay）。网络容量和延迟的定义需要依据通信策略。在无线网络标度律（Scaling Laws）问题的研究中，对于特定通信策略（Communication Strategy），主要涉及两层机制：网络层的路由机制和 Mac 层的传输调度机制。首先给出通信策略的一般定义。

2.5.1 通信策略

在通信模型 $\mathfrak{S}$ 下的通信策略 $\mathbf{S}$ 中，当一个会话 k 的数据包 z 被成功传输，它的具体路由是一个边的集合，记为 $\mathcal{R}_{k,z}$。在 $\mathcal{R}_{k,z}$ 中的所有边中，必然存在一条完整的转发路由，记为 $\mathcal{P}_{k,z}=\{1_{k,z}^{t_1},\ 2_{k,z}^{t_2},\ \cdots,\ i_{k,z}^{t_i}\}$。通过 $\mathcal{P}_{k,z}$，数据包 z 从源节点传输到了所有的目的节点上，其中，$i_{k,z}^{t_i}$ 表示会话 k 的数据包 z 在静态时间片 t_i 中用到的一条边。

假设网络中有 K 个会话，每个源节点产生 Z 个数据包，并被成功传输，则所有被涉及的边可记为

$$\mathfrak{R}(\mathfrak{S},\ \mathbf{S},\ K,\ Z)=\bigcup_{k=1}^{K}\bigcup_{z=1}^{Z}\mathcal{R}_{k,z}.$$

由于在每个静态时间片中，节点的位置可看作不动，那么，就有可能在每个静态时间片中引入一个调度机制。可以将每个静态时间片进一步分成长度为 L_s^t 的调度时间片。任意一个调度都可描述为一个调度集的序列，记为 $\mathfrak{T}(\mathfrak{S},\ \mathbf{S},\ K,\ Z)=\{\mathcal{S}_\tau^t\}$，其中，$\mathcal{S}_\tau^t$ 表示第 τ 个调度时间片中被调度的边的集合。令用 $\mathfrak{T}(\mathfrak{S},\ \mathbf{S},\ K,\ Z)$ 机制传输所有 $Z\cdot K$ 个数据包所用的时间为

$T(\mathfrak{S}, \mathbf{S}, K, Z)$，则有

$$T(\mathfrak{S}, \mathbf{S}, K, Z) = |\mathfrak{T}(\mathfrak{S}, \mathbf{S}, K, Z)| \cdot L_s^t.$$

从而，下式显然成立：

$$\bigcup_{\mathcal{S}_\tau^t \in \mathfrak{T}(\mathfrak{S}, \mathbf{S}, K, Z)} \mathcal{S}_\tau^t \supseteq \mathfrak{R}(\mathfrak{S}, \mathbf{S}, K, Z).$$

2.5.2 网络容量

考虑一种同构情况，即假设每个节点独立地、等速率地产生数据，将其假设为一个 Bernolli 过程（或者做一个 Poisson 逼近[64-66]）。先来回顾一下网络的稳定性定义。假设源点 i 上的数据到达速率为 λ_i，即每个时隙有数据包到达的概率为 λ_i。网络对于一个给定的速率 λ_i 是稳定的，如果存在一个通信策略使得所有点上的队列长度不会增长到无穷大。可以称使得系统为稳定的速率为可行速率，而可行速率域中的最大值就是网络的容量。

记一条路径 $\mathcal{P}_{k,z}$ 在 $\mathfrak{T}(\mathfrak{S}, \mathbf{S}, K, Z)$ 机制的调度下的速率为 $\bar{\omega}_{k,z}(\mathfrak{S}, \mathbf{S}, K, Z)$。从而，根据瓶颈原则(Bottleneck Principle)，我们有

$$\begin{aligned}&\bar{\omega}_{k,z}(\mathfrak{S}, \mathbf{S}, K, Z)\\&= \frac{1}{T(\mathfrak{S}, \mathbf{S}, K, Z)} \cdot \min_{i_{k,z}^t \in \mathcal{P}_{k,z}} \left\{ \sum_{\mathcal{S}_\tau^t \in \mathfrak{T}(\mathfrak{S}, \mathbf{S}, K, Z)} L_s^t \cdot R_{i,k,z}^{t,\tau} \right\},\end{aligned}$$

其中，$R_{i,k,z}^{t,\tau}$ 表示链接 $i_{k,z}^t \in \mathcal{P}_{k,z}$ 在静态时间片 t 的第 τ 个调度时间片中的速率。进而，可以定义会话 k 在通信策略 $\mathbf{S}$ 之下的平均速率为

$$\lambda_k(\mathfrak{S}, \mathbf{S}, K) = \liminf_{Z \to \infty} \sum_{z=1}^{Z} \bar{\omega}_{k,z}(\mathfrak{S}, \mathbf{S}, K, Z).$$

可以定义 K 个会话的平均吞吐量为

$$\lambda(\mathfrak{S},\ \mathbf{S},\ K) = \frac{1}{K}\sum\nolimits_{k=1}^{K} \lambda_k(\mathfrak{S},\ \mathbf{S},\ K)$$

也可以定义 K 个会话的最小吞吐量为

$$\lambda_{\min}(\mathfrak{S},\ \mathbf{S},\ K) = \min_{1\leqslant k\leqslant K} \lambda_k(\mathfrak{S},\ \mathbf{S},\ K).$$

记所有可能的通信策略的集合为 $\mathbb{S}$。从而，我们可以定义最优平均吞吐量为

$$\Lambda(\mathfrak{S},\ K) = \max_{\mathbf{S}\in\mathbb{S}} \lambda(\mathfrak{S},\ \mathbf{S},\ K);$$

也可以定义最小吞吐量为

$$\Lambda_{\min}(\mathfrak{S},\ K) = \max_{\mathbf{S}\in\mathbb{S}} \lambda_{\min}(\mathfrak{S},\ \mathbf{S},\ K).$$

接下来给出网络容量的定义。

定义 2.5　网络容量

无线网络中 K 个特定会话在通信模型 $\mathfrak{S}$ 的平均容量为 $\Theta(f(n))$ 阶，如果存在两个确定常数 $1 < c_1 < c_2 < +\infty$ 使得

$$\lim_{n\to\infty} \Pr(\Lambda(\mathfrak{S},\ K) = c_1 \cdot f(n)\ 可达) = 1;$$

$$\liminf_{n\to\infty} \Pr(\Lambda(\mathfrak{S},\ K) = c_2 \cdot f(n)\ 可达) < 1.$$

2.5.3　网络延迟

延迟是网络重要的性能指标。一个网络的延迟表示的是一比特数据穿过网络从一点被传输到另一点所需要的时间。将综合考虑三种延迟：等待延迟(Waiting Delay)、处理延迟(Processing Delay)和传输延迟(Transmission Delay)。

记一条边 $i_{k,z}^{t_i} \in \mathcal{P}_{k,z}$ 的发送和接收节点分别为 $\mathbf{t}_{i,k,z}^{t_i}$ 和 $\mathbf{r}_{i,k,z}^{t_i}$。当边 $i_{k,z}^{t_i} \in \mathcal{P}_{k,z}$，$i \leqslant q-1$，完成传输，数据包 z 在 $\mathbf{t}_{i,k,z}^{t_i}$ 的接收点上等待下一次传输的机会，一直等到节点 $\mathbf{r}_{i,k,z}$（即节点 $\mathbf{t}_{i+1,k,z}$）与节点 $\mathbf{r}_{i+1,k,z}$ 位于符合

传输的距离之内；我们记这一等待的时间为 $D^{\mathrm{w}}_{i,k,z}(\mathfrak{S}, \mathbf{S}, K, Z)$。可以定义会话 k 的数据包 z 的等待延迟：

$$D^{\mathrm{w}}_{k,z}(\mathfrak{S}, \mathbf{S}, K, Z) = \sum\nolimits_{i=1}^{q} D^{\mathrm{w}}_{i,k,z}(\mathfrak{S}, \mathbf{S}, K, Z).$$

从而，会话 k 的等待延迟可定义为

$$D^{\mathrm{w}}_{k}(\mathfrak{S}, \mathbf{S}, K) = \limsup_{Z\to\infty} \frac{\sum\nolimits_{z=1}^{Z} D^{\mathrm{w}}_{k,z}(\mathfrak{S}, \mathbf{S}, K, Z)}{\sum\nolimits_{z=1}^{Z} \tilde{\omega}_{k,z}(\mathfrak{S}, \mathbf{S}, K, Z)}$$

对于处理延迟，不失一般性，假设在每一跳中处理一个数据包用掉单位时间。从而，会话 k 的数据包 z 的处理延迟可定义为

$$D^{\mathrm{p}}_{k,z}(\mathfrak{S}, \mathbf{S}, K, Z) = H^{\mathrm{p}}_{k,z}(\mathfrak{S}, \mathbf{S}, K, Z)$$

其中，$H^{\mathrm{p}}_{k,z}(\mathfrak{S}, \mathbf{S}, K, Z)$ 表示会话 k 的数据包 z 经过的跳数。会话 k 的处理延迟可定义为

$$D^{\mathrm{p}}_{k}(\mathfrak{S}, \mathbf{S}, K) = \sum\nolimits_{z=1}^{Z} H^{\mathrm{p}}_{k,z}(\mathfrak{S}, \mathbf{S}, K, Z)$$

对于传输延迟，即数据包在源点的队列中的延迟，根据 Bernoulli 队列的特点，当外部数据进入网络的速率不超过网络容量的时候，这种延迟将保持 $\Theta(1)$ 阶。可定义会话 k 的传输延迟为

$$D^{\mathrm{t}}_{k}(\mathfrak{S}, \mathbf{S}, K) = \Theta(1).$$

从而，可以定义会话 k 的平均延迟为

$$D_{k}(\mathfrak{S}, \mathbf{S}, K) = D^{\mathrm{w}}_{k}(\mathfrak{S}, \mathbf{S}, K) + D^{\mathrm{p}}_{k}(\mathfrak{S}, \mathbf{S}, K) + D^{\mathrm{t}}_{k}(\mathfrak{S}, \mathbf{S}, K)$$

最后，定义 K 个会话的平均延迟为

$$D_{k}(\mathfrak{S}, \mathbf{S}, K) = \frac{1}{K}\sum\nolimits_{k=1}^{K} D_{k}(\mathfrak{S}, \mathbf{S}, K).$$

2.6　关于阶的一些表示

本书中，为了表达上的简便，定义了一些关于阶(Order)的表示方法。

● 首先定义两个函数：

$$\max_{\text{order}}\{\varphi(n), \phi(n)\} = \begin{cases} \Theta(\varphi(n)), & if\ \varphi(n) = \Omega(\phi(n)) \\ \Theta(\phi(n)), & if\ \phi(n) = \Omega(\varphi(n)) \end{cases}$$

$$\min_{\text{order}}\{\varphi(n), \phi(n)\} = \begin{cases} \Theta(\varphi(n)), & if\ \varphi(n) = O(\phi(n)) \\ \Theta(\phi(n)), & if\ \phi(n) = O(\varphi(n)) \end{cases}$$

● 用 $\theta(n)$：$[\varphi(n), \phi(n)]$ 或者 $\theta(n) \sim [\varphi(n), \phi(n)]$ 表示 $\theta(n) = \Omega(\varphi(n))$ 并且 $\theta(n) = O(\phi(n))$，用 $\theta(n)$：$(\varphi(n), \phi(n))$ 或者 $\theta(n) \sim (\varphi(n), \phi(n))$ 表示 $\theta(n) = \omega(\varphi(n))$ 并且 $\theta(n) = o(\phi(n))$。

第3章 静态功率受限自组织网络的组播容量标度律

本章将研究静态无线网络的网络理论(Networking-Theoretic)下的组播容量标度律问题。先设定网络拓扑为 $\mathcal{N}_p(n, 1)$，即随机扩展网(定义见 2.1.2 节)，并采用一般物理模型 $\mathfrak{S}_{gau}(\alpha)$，$\alpha > 2$。考虑一般化的组播会话，即信息分发会话 $(n, n_d, n_d)-\text{cast}$，其中，$1 \leqslant n_d \leqslant n-1$；当 $n_d = 1$ 和 $n_d = n-1$ 时，该一般化的组播会话将退化为单播和广播。假设共有 $n_s : (1, n]$ 个组播会话，并给出具有一般性的结果。作为本章结果的特例，可证明当 $n_s = \Theta(n)$ 时，随机扩展网络的组播容量为 $\Theta\left(\frac{1}{\sqrt{n_d n}}\right)$ 阶 $\left(当 n_d = O\left(\frac{n}{(\log n)^{\alpha+1}}\right)\right)$，为 $\Theta\left(\frac{1}{n_d} \cdot (\log n)^{-\alpha/2}\right)$ 阶 $\left(当 n_d = \Omega\left(\frac{n}{\log n}\right)\right)$。当 n_d 取 1 和 $n-1$ 时，结果也与已有的针对单播和广播的容量结果一致。

3.1 相关工作介绍

下面主要介绍一下静态无线网络的网络理论(Networking-theoretic)

下的容量标度律方面的已有工作。本书将这一问题做了分类如表 3-1 所列，从而可将每一个相关工作用一个三维坐标 (x, y, z) 定位，其中，$x \in \{\mathbf{U}, \mathbf{B}, \mathbf{M}\}$，$y \in \{\mathbf{D}, \mathbf{E}\}$，$z \in \{\mathbf{O}, \mathbf{Y}, \mathbf{G}\}$。比方说，$(\mathbf{U}, \mathbf{E}, \mathbf{G})$ 表示随机扩展网在一般物理模型下的单播容量。

表 3-1　网络理论下的无线自组织网络标度律问题分类

	会话容量	随机扩展模型(网络密度)	通信模型
1	**U**：单播容量	**D**：随机密集网络	**O**：协议模型
2	**B**：广播容量	**E**：随机扩展网络	**Y**：物理模型
3	**M**：组播容量		**G**：一般物理模型

在随机扩展网络中，为了保证连通性，任意路由机制中必然包含长度为 $\omega(1)$ 的边。对于这些边而言，当它们在协议模型或者物理模型下被成功调度时，速率将被设置为常数阶，这对于功率为常数阶的无线网络来讲显然是过于乐观和不现实的，这正是本书几乎不介绍 $(x, \mathbf{E}, z)$（其中，$x \in \{\mathbf{U}, \mathbf{B}, \mathbf{M}\}$，$z \in \{\mathbf{O}, \mathbf{Y}\}$）方面工作的原因。另外，对于随机密集网络，在一般物理模型下取得的网络吞吐量可以通过为协议模型和物理模型设置复合通信半径的方式取得[67]。下面将主要依据会话模型的不同来分别介绍相关工作。

3.1.1　单播容量

在无线网络标度律问题的开创性工作[6]中，Gupta 和 Kumar 证明了 $(\mathbf{U}, \mathbf{D}, \mathbf{O})$ 的阶为 $\Theta(1/\sqrt{\log n})$。同时，他们也给出了 $(\mathbf{U}, \mathbf{D}, \mathbf{Y})$ 的上界和下界，分别为 $\Theta(1/\sqrt{n})$ 和 $\Theta(1/\sqrt{\log n})$；在上、下界之间存在着一个差距。Franceschetti 等[68]提出了一个基于边渗流模型(Bond Percolation Model)的分级路由机制，使得 $(\mathbf{U}, \mathbf{D}, \mathbf{G})$ 和 $(\mathbf{U}, \mathbf{E}, \mathbf{G})$ 均可达到 $\Omega(1/\sqrt{n})$。Keshavarz-Haddad 和 Riedi[69]证明了 $(\mathbf{U}, \mathbf{D}, \mathbf{G})$ 的上界为 $O(1/\sqrt{n})$。Li

等[70]证明了（**U**，**E**，**G**）的上界亦为 $O(1/\sqrt{n})$。综合文献[68,71,72]中的结论，我们得到在一般物理模型下，随机扩展网和随机密集网的单播容量均为 $\Theta(1/\sqrt{n})$。

3.1.2 广播容量

Keshavarz-Haddad 等和 Tavli 分别在文献[73]和[74]中证明了（**B**，**D**，**O**）的阶为 $\Theta(1/n)$。Keshavarz-Haddad 等和 Riedi[75]分析了物理模型和一般物理模型下网络拓扑和干扰对广播容量的影响。文献[75]的贡献之一是证明了当网络带宽为常数阶时，（**B**，**D**，**Y**）和（**B**，**D**，**G**）的阶均为 $\Theta(1/n)$。对于（**B**，**E**，**G**），Zheng[76]证明了其阶为 $\Theta((\log n)^{-\frac{\alpha}{2}}/n)$。

3.1.3 组播容量

Jacquet 和 Rodolakis[77] 给出了（**M**，**D**，**O**）的上界为 $O(1/\sqrt{n n_d \log n})$。Shakkottai 等设计了一种新颖的组播路由机制，称之为梳形路由。通过这种机制推导出的结论为：当组播会话的数目 $n_s = n^{\varepsilon}$ 并且 $n_d = n^{1-\varepsilon}$，$0 < \varepsilon < 1$，（**M**，**D**，**O**）的下界可达 $\Omega(1/\sqrt{n n_d \log n})$。Li[78]证明了当 $n_d = O(n/\log n)$ 时，（**M**，**D**，**O**）的阶为 $\Theta(1/\sqrt{n n_d \log n})$，当 $n_d = \Omega(n/\log n)$ 时，（**M**，**D**，**O**）的阶为 $\Theta(1/n)$。通过设计一种新颖的工具，称之为 Arena，Keshavarz-Haddad 和 Riedi[71]证明了（**M**，**D**，**O**）、（**M**，**D**，**Y**）和（**M**，**D**，**G**）的上界在 n_d：$[1, n/(\log n)^2]$ 时为 $O(1/\sqrt{n n_d})$，在 n_d：$[n/(\log n)^2, n/\log n]$ 时，上界为 $O(1/(n_d \log n))$，在 n_d：$[n/\log n, n]$ 时，上界为 $O(1/n)$；并给出了（**M**，**D**，**Y**）和（**M**，**D**，**G**）的下界：当 n_d：$[1, n/(\log n)^3]$ 时，下界为 $\Omega(1/\sqrt{n n_d})$，当 n_d：$[n/(\log n)^3, n/(\log n)^2]$ 时，下界为 $\Omega((\log n)^{-3/2}/n_d)$，当 n_d：$[n/(\log n)^2, n/\log n]$ 时，下界为 $\Omega(1/\sqrt{n n_d \log n})$，当 n_d：$[n/\log n, n]$ 时，下界为 $\Omega(1/n)$。

对于 (**M**, **E**, **G**), Li 等[70]给出一个下界：当 $n_d = O(n/(\log n)^{2\alpha+6})$ 且 $n_s = n^{\frac{1}{2}+\theta}$，其中，$\theta > 0$ 是一个正常数，为 $\Omega\left(\frac{\sqrt{n}}{n_s\sqrt{n_d}}\right)$。本章的工作就将针对 (**M**, **E**, **G**)，给出上界，并对所有情况 n_s：$(1, n]$ 导出更紧的下界。

3.2 模型和定义

记 $\mathcal{N}_p(n, 1)$ 中所有 n 个点的集合为 $\mathcal{V} = \mathcal{V}(n) = \{v_1, v_2, \cdots, v_n\}$。

3.2.1 组播构造方式

假设随机选取的 n_s 个节点作为组播的源节点，并记它们集合为 $\mathcal{S} \subseteq \mathcal{V}$。按照以下的步骤独立随机地生成 n_s 个组播会话：为生成第 k 个组播会话，记作 $\mathcal{M}_{\mathcal{S},k}$，从区域 $\mathcal{R}(n, n) = [1, \sqrt{n}] \times [1, \sqrt{n}]$ 随机独立地选取 $n_d + 1$ 个点 $p_{\mathcal{S},k_i}$ ($0 \leqslant i \leqslant n_d$ 且 $1 \leqslant n_d \leqslant n-1$)。记这个包含 $n_d + 1$ 个点的集合为 $\mathcal{P}_{\mathcal{S},k} = \{p_{\mathcal{S},k_0}, p_{\mathcal{S},k_1}, \cdots, p_{\mathcal{S},k_{n_d}}\}$，并记 $v_{\mathcal{S},k_i}$ 为距离 $p_{\mathcal{S},k_i}$ 最近的网络节点(ties are broken randomly)。在会话 $\mathcal{M}_{\mathcal{S},k}$ 中 $v_{\mathcal{S},k_0}$ 作为源节点，其生成的数据要以速率 $\lambda_{\mathcal{S},k}$ 传输到 n_d 个目的节点 $\mathcal{D}_{\mathcal{S},k} = \{v_{\mathcal{S},k_1}, v_{\mathcal{S},k_2}, \cdots, v_{\mathcal{S},k_{n_d}}\}$。记 $\mathcal{U}_{\mathcal{S},k} = \{v_{\mathcal{S},k_0}\} \cup \mathcal{D}_{\mathcal{S},k}$ 为会话 $\mathcal{M}_{\mathcal{S},k}$ 的生成集，如图 3-1 所示。

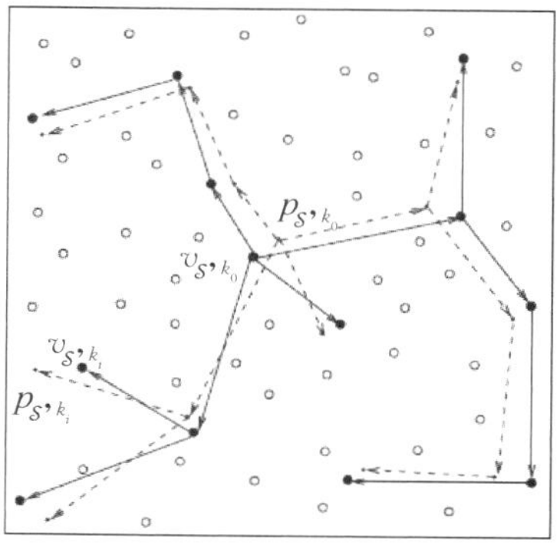

图 3-1　组播构造方式

3.2.2 可达组播吞吐量和组播容量

用一个 n_s 的向量表示所有组播会话的速率，即组播速率向量 $\Lambda_{\mathcal{S}}(n, n_d) = (\lambda_{\mathcal{S},1}, \lambda_{\mathcal{S},2}, \cdots, \lambda_{\mathcal{S},n_s})$。

定义 3.1　可行组播向量

一个组播向量 $\Lambda_{\mathcal{S}}(n, n_d)$ 可行，如果存在一个 $T<\infty$ 使得在每个时间间隔 $[(t-1)\cdot T, t\cdot T]$ 中，每个源节点 $v_{\mathcal{S},k_0} \in \mathcal{S}$ 能够传送 $T\cdot\lambda_{\mathcal{S},k}$ 比特的数据到所有的 n_d 个目的节点上。

基于一个组播向量，我们可以定义最小每会话组播吞吐量(Minimum Per-session Multicast Throughput)：

$$\Lambda_{\mathcal{S}}^{\mathrm{p}}(n, n_d) = \min_{v_{\mathcal{S},k_0}\in\mathcal{S}} \lambda_{\mathcal{S},k}.$$

为方便起见，将此名称简化为每会话组播吞吐量(Per-session Multicast Throughput)。

定义 3.2　可达每会话组播吞吐量

一个每会话组播吞吐量 $\Lambda_{\mathcal{S}}^{\mathrm{p}}(n, n_d) = \min_{v_{\mathcal{S},k_0}\in\mathcal{S}} \lambda_{\mathcal{S},k}$ 是可达的，如果其对应的组播向量 $\Lambda_{\mathcal{S}}(n, n_d) = (\lambda_{\mathcal{S},1}, \lambda_{\mathcal{S},2}, \cdots, \lambda_{\mathcal{S},n_s})$ 是可行的。

从而，依据可达每会话组播吞吐量的定义，结合定义 2.5(网络容量)，可以得到网络的每会话组播容量定义。

3.2.3 功率受限通信模型

假设所有节点的发射功率都是限于一个常数区间的，即 $[P_{\min}, P_{\max}]$。继而，采用一般物理模型 $\mathfrak{S}_{\mathrm{gau}}(\alpha)$，详见定义 2.4。

3.2.4 相关符号

在接下来的推导当中，需要引入相关符号，在此对其含义做一解释。

● 对于二维的线段 $\mathcal{L}$，我们用 $|\mathcal{L}|$ 表示其欧氏(Euclidean)长度；而对于一个离散集合 $\mathcal{U}$，我们则用 $|\mathcal{U}|$ 表示其集合势。

● 对于一个连续区域 $\mathcal{A}$，我们用 $\|\mathcal{A}\|$ 表示其面积；而对于一个欧几里得树 $\mathcal{T}$，我们则用 $\|\mathcal{T}\|$ 表示其边的总长度。

● 对于一个组播会话 $\mathcal{M}_{\mathcal{S},k}$，其生成集为 $\mathcal{U}_{\mathcal{S},k}$，我们用 $\mathrm{EMST}(\mathcal{M}_{\mathcal{S},k})$ 或 $\mathrm{EMST}(\mathcal{U}_{\mathcal{S},k})$ 表示其欧氏最小生成树，用 $\mathrm{EST}(\mathcal{M}_{\mathcal{S},k})$ 或 $\mathrm{EST}(\mathcal{U}_{\mathcal{S},k})$ 表示一个欧氏生成树。

3.3　理论工具和推导方法

在开始推导组播容量的上、下界之前，先介绍一些理论基础和方法。

3.3.1　相关工具

引理 3.1　契贝晓夫不等式(Chebyshev's Inequatlity)

对任意一个随机变量 X，有

$$\Pr(|X-\mathbf{E}(X)|\geqslant\varepsilon)\leqslant\frac{\mathbf{Var}(X)}{\varepsilon^2}$$

其中，$\mathbf{E}(X)$ 和 $\mathbf{Var}(X)$ 分别表示 X 的期望和方差。

引理 3.2　契诺夫界(Tails of Chernoff Bound)

对任一个泊松随机变量 X，$\mathbf{E}(X)=\lambda$，有

$$\Pr(X\geqslant x)\leqslant e^{-\lambda}(e\lambda)^x/x^x,\ \text{for } x>\lambda.$$

$$\Pr(X\leqslant x)\leqslant e^{-\lambda}(e\lambda)^x/x^x,\ \text{for } 0<x<\lambda.$$

其中，$\mathbf{E}(X)$ 和 $\mathbf{Var}(X)$ 分别表示 X 的期望和方差。

引理 3.3　最小生成树长度[79]

若点 X_i，$1 \leqslant i \leqslant \infty$，均匀分布在区域 $[0, a]^d$。记 $\mathrm{EMST}(\chi(n))$ 为基于生成集 $\mathcal{X}(n) = \{X_1, X_2, \cdots, X_n\}$ 的最小生成树，则存在一个常数 $\nu(d) > 0$，使得

$$\Pr\left[\lim_{n \to \infty} \frac{\| \mathrm{EMST}(\chi(n)) \|}{a \cdot n^{1-\frac{1}{d}}} = \nu(d)\right] = 1.$$

注意上面这个引理中表明 $\| \mathrm{EMST}(\chi(n)) \| \sim \nu(d) \cdot n^{1-\frac{1}{d}} \cdot a$ 是几乎一定(almost sure)成立的，而不是渐近几乎一定(asymptotically almost sure)成立，从而有以下引理成立。

算法 3.1　构造 EST

输入：一个生成集为 $\mathcal{U}_{\mathcal{S},k}$ 的组播会话 $\mathcal{M}_{\mathcal{S},k}$。
输出：一棵欧几里得生成树 $\mathrm{EST}(\mathcal{M}_{\mathcal{S},k})$ 或 $\mathrm{EST}(\mathcal{U}_{\mathcal{S},k})$。

1. 在初始状态 $\mathcal{U}_{\mathcal{S},k}$ 中所有点都是孤立的，从而有 $n_d + 1$ 个连通分支。
2. for $i = 1: n_d$ do
   (1) 将区域 $[0, a]^2$ 分割为至多 $n_d + 1 - i$ 个方形格子，其边长为 $a / \lfloor n_d + 1 - i \rfloor$。
   (2) 找到这样的格子：其同时包含两个以上属于 $\mathcal{U}_{\mathcal{S},k}$ 且属于两个不同连通分支的点；连接这样的点对，从而合并了对应的两个连通分支。
3. end for

引理 3.4　最小生成树长度和

对于任意 $K(n)$ 个以引理 3.3 中模型独立构造的点集合，记为 $\chi_1(n)$，$\chi_2(n)$，$\cdots$，$\chi_{K(n)}(n)$，有

$$\Pr\left[\lim_{n \to \infty} \frac{\sum_{k=1}^{K(n)} \| \mathrm{EMST}(\chi_k(n)) \|}{K(n) \cdot a \cdot n^{1-\frac{1}{d}}} = \nu(d)\right] = 1$$

详细证明请见文献[80]。

另外，引入文献[81]中的一个结论。

引理 3.5　生成树长度上界

对任意一个分布在区域 $[0, a]^2$ 中的点的集合 $\mathcal{U}_{\mathcal{S}, k}$（可看做组播会话 $\mathcal{M}_{\mathcal{S}, k}$ 的生成集），记 $\mathrm{EST}(\mathcal{U}_{\mathcal{S}, k})$ 为用算法 3.1 生成的欧几里得生成树，则有

$$\| \mathrm{EST}(\mathcal{U}_{\mathcal{S}, k}) \| \leqslant 2\sqrt{2} \cdot \sqrt{n_d} \cdot a.$$

3.3.2　上界相关概念和方法

在推导上界时，将用到以下概念和引理。

定义 3.3　网格视图(Lattice View)

将一个方形区域 $\mathcal{R}(n, a^2) = [0, a]^2$ 分割成边长为 g：$\left[\frac{a}{\sqrt{n}}, a\right]$ 的小方格子（Cell），称生成的网格图为网格视图（Lattice View），并记为 $\mathbb{V}(a, g)$。

定义 3.4　岛(Island)

在一个网格视图 $\mathbb{V}(a, g)$ 中，一个小方格子被称为岛(Island)，如果它包含 $\Theta\left(\frac{n}{a^2} \cdot g^2\right)$ 个节点并且它的 8 个邻居格子是空的。

引理 3.6　Island 存在的充分条件

在一个 lattice view $\mathbb{V}(a, g)$ 中，必定存在一个 Island，如果

$$g \leqslant \frac{a}{2} \cdot \sqrt{\frac{(1-\epsilon) \cdot \log n}{2n}}$$

其中，$\epsilon \in (0, 1)$ 是一个常数。

基于一个给定的 $\mathbb{V}(a, g)$，给出一个针对任意组播树的结论如下：

引理 3.7　Lattice View 中的组播树

给定一个组播会话 $\mathcal{M}_{\mathcal{S},k}$，$\mathcal{T}_{\mathcal{S},k}$ 表示 $\mathcal{M}_{\mathcal{S},k}$ 的一棵组播树，令 $N(\mathcal{T}_{\mathcal{S},k}, a, g)$ 表述 $\mathcal{T}_{\mathcal{S},k}$ 在 $\mathbb{V}(a, g)$ 中用到的格子数目，则当 $n_d=\frac{a^2}{g^2}$，有

$$N(\mathcal{T}_{\mathcal{S},k}, a, g)=\Omega\left(\frac{\|\mathrm{EMST}(\mathcal{M}_{\mathcal{S},k})\|}{g}\right).$$

在任意的组播策略之下，$\mathbb{V}(a, g)$ 中每个格子的负载可分为两类：初始传输负载(Initial Transmission Load)和转发负载(Relay Load)。

定义 3.5　格子负载

对任意格子 $\mathcal{C}_j\in\mathbb{V}(a, g)$，定义 $\mathcal{C}_j$ 的负载为端点位于其中的链接数目。在这些边中，称其端点属于任意生成集 $\mathcal{U}_{\mathcal{S},k}$（对 $v_{\mathcal{S},k_0}\in\mathcal{S}$）的边的数目为初始传输负载，称其他边的数目为转发负载。

3.3.3　下界相关概念和方法

一般来讲，网络容量的下界需要通过设计一些具体的策略来达到。记一个组播策略为 $\mathbb{M}$，并记其相应的路由和传输调度机制分别为 $\mathbb{M}^{\mathrm{r}}$ 和 $\mathbb{M}^{\mathrm{t}}$。

一个路由机制 $\mathbb{M}^{\mathrm{r}}$ 可能是分层次的。假设其由 τ 个阶段，$\mathbb{M}^{\mathrm{r}_1}$，$\mathbb{M}^{\mathrm{r}_2}$，…，$\mathbb{M}^{\mathrm{r}_\tau}$ 构成，其中 $1\leqslant\tau<\infty$ 是一个整数。令 $\mathcal{V}(\mathbb{M}^{\mathrm{r}_j})$ 为在 $\mathbb{M}^{\mathrm{r}_j}$ 阶段被某些组播会话经过的点的集合，其中，$j\in[1, \tau]$。

定义 3.6　充分区域(Sufficient Region)

对任意节点 $v_i^j\in\mathcal{V}(\mathbb{M}^{\mathrm{r}_j})$，$j\in[1, \tau]$，和组播会话 $\mathcal{M}_{\mathcal{S},k}$，$k\in[1, n_s]$，称一个区域 $\mathcal{Q}(\mathbb{M}^{\mathrm{r}_j}, \mathbb{M}^{\mathrm{r}_j}, v_i^j)$ 为充分区域(Sufficient Region)，如果

$$\Pr(E(\mathbb{M}^{\mathrm{r}_j}, \mathcal{M}_{\mathcal{S},k}, v_i^j))\leqslant\Pr(\widetilde{E}(\mathbb{M}^{\mathrm{r}_j}, \mathcal{M}_{\mathcal{S},k}, v_i^j)),$$

其中事件 $E(\mathbb{M}^{\tau_j}, \mathbb{M}^{\tau_j}, v_i^j)$ 定义为：组播 $\mathcal{M}_{\mathcal{S},k}$ 在 $\mathbb{M}^{\tau_j}$ 路由中经过点 v_i^j；事件 $\widetilde{E}(\mathbb{M}^{\tau_j}, \mathcal{M}_{\mathcal{S},k}, v_i^j)$ 定义为：一个泊松点落到区域 $\mathcal{Q}(\mathbb{M}^{\tau_j}, \mathcal{M}_{\mathcal{S},k}, v_i^j)$ 中。

引理 3.8　阶段 j 的可达吞吐量

对于随机网络 $\mathcal{N}_p(n, n/a^2)$，如果 $\mathcal{V}(\mathbb{M}^{\tau_j})$ 中所有的点在调度机制 $\mathbb{M}^{\tau}$ 下能够保持速率 R_j，并且对于 $k \in [1, n_s]$，充分区域的面积以高概率满足

$$\| \mathcal{Q}(\mathbb{M}^{\tau_j}, \mathcal{M}_{\mathcal{S},k}, v_i^j) \| \leqslant Q_j$$

其中，Q_j 独立于 i 和 k，则在阶段 j 的可达吞吐量为

$$\Lambda_j = \begin{cases} \Omega\left(\dfrac{R_j}{n_s} \cdot \dfrac{a^2}{Q_j}\right) & \text{when} \quad n_s = \left[\dfrac{a^2}{Q_j} \cdot \log n, n\right] \\ \Omega\left(R_j \cdot \dfrac{1}{\log n}\right) & \text{when} \quad n_s = \left(1, \dfrac{a^2}{Q_j} \cdot \log n\right] \end{cases}$$

根据网络瓶颈原则(bottleneck principle)，我们有，

引理 3.9　网络可达吞吐量

在由 τ 个阶段组成的组播策略 $\mathbb{M}$ 下，网络的吞吐量可达

$$\Lambda = \min\{\Lambda_j, \text{ for } 1 \leqslant j \leqslant \tau\},$$

其中，Λ_j 是第 j 个阶段的吞吐量。

3.4　组播容量上界

本节研究随机扩展网在一般物理模型下的组播容量上界。

3.4.1 网格视图 1

根据引理 3.6，取 $\epsilon = \frac{1}{9}$，$\mathbb{V}\left(\sqrt{n},\ \frac{1}{3}\sqrt{\log n}\right)$ 中存在一个 Island，从而有如下引理。

引理 3.10　网络容量上界 1

在一般物理模型 $\mathfrak{S}_{\text{gau}}(\alpha)$ 下，随机扩展网组播容量的阶为 $O\left(\frac{n}{n\, n_d}(\log n)^{-\alpha/2}\right)$.

证明　记 $\mathbb{V}\left(\sqrt{n},\ \frac{1}{3}\sqrt{\log n}\right)$ 中一个 Island 为 $\mathcal{I}$。对于任意一条边 uv，其接收点 v 位于 $\mathcal{I}$ 之内，则它的长度为 $|uv| = \Omega(\sqrt{\log n})$，从而这条边的容量为

$$C_{u,v} \leqslant B\log_2\left(1 + \frac{P_{\max}|uv|^{-\alpha}}{N_0}\right) = O((\log n)^{-\frac{\alpha}{2}})$$

先考虑 $\mathcal{I}$ 的初始传输负载。根据引理 3.2，$\mathbb{V}\left(\sqrt{n},\ \frac{1}{3}\sqrt{\log n}\right)$ 中的任意格子的初始传输负载为 $\Theta\left(\frac{n_s\, n_d \log n}{n}\right)$。另一方面，因为 $\mathcal{I}$ 中包含 $\Theta(\log n)$ 个点，所以至多有 $\Theta(\log n)$ 条同时起始于或者终止于 $\mathcal{I}$ 的链接。根据鸽巢原理，必然有一链接的负载为 $\Theta\left(\frac{n_s\, n_d}{n}\right)$。从而，结合该边的容量为 $O((\log n)^{-\alpha/2})$，我们得证引理。　□

3.4.2 网格视图 2

下面将应用 lattice view $\mathbb{V}(\sqrt{n},\ c)$ 来推导出一个新的上界，其中 c 是一个 $m = n/c^2$ 为整数的常数。首先考虑格子的吞吐容量。

引理 3.11　$\mathbb{V}(\sqrt{n}, c)$ 中格子的吞吐容量

在 $\mathbb{V}(\sqrt{n}, c)$ 中，任意格子的吞吐容量的阶为 $O(1)$.

引理 3.12　最小组播树长度和的下界

对于所有组播会话 $\mathcal{M}_{\mathcal{S},k}$，$k \in [1, n_s]$，当 $n_d = \Omega\left(\frac{n}{\log n}\right)$ 时，则有

$$\sum_{k=1}^{n_s} \| \mathrm{EMST}(\mathcal{M}_{\mathcal{S},k}) \| = \Omega(n_s \cdot \sqrt{n_d \cdot n}).$$

根据以上结论，有

引理 3.13　网络容量上界 2

在一般物理模型 $\mathfrak{S}_{\mathrm{gau}}(\alpha)$ 下，当 $n_d = \Omega\left(\frac{n}{\log n}\right)$，随机扩展网的组播容量阶为 $O\left(\frac{\sqrt{n}}{n_s \sqrt{n_d}}\right)$.

3.4.3　综合上界

结合引理 3.10 和引理 3.13，得到网络组播容量的上界为

定理 3.1　网络组播容量一般上界

在一般物理模型 $\mathfrak{S}_{\mathrm{gau}}(\alpha)$ 下，随机扩展网的组播容量的阶为

$$\begin{cases} O\left(\frac{\sqrt{n}}{n_s \sqrt{n_d}}\right) & \text{when} \quad n_d: \left[1, \frac{n}{(\log n)^{\alpha}}\right] \\ O\left(\frac{n}{n_s n_d} \cdot (\log n)^{-\frac{\alpha}{2}}\right) & \text{when} \quad n_d: \left[\frac{n}{(\log n)^{\alpha}}, n\right] \end{cases}$$

进而，令 $n_s = \Theta(n)$，我们有

定理 3.2　网络组播容量上界

在一般物理模型 $\mathfrak{S}_{\mathrm{gau}}(\alpha)$ 下，当 $n_s = \Theta(n)$，随机扩展网的组播容量的阶为

$$\begin{cases} O\left(\dfrac{1}{\sqrt{n_d n}}\right) & \text{when } n_d: \left[1, \dfrac{n}{(\log n)^{\alpha}}\right] \\ O\left(\dfrac{1}{n_d(\log n)^{\frac{\alpha}{2}}}\right) & \text{when } n_d: \left[\dfrac{n}{(\log n)^{\alpha}}, n\right]. \end{cases}$$

3.5 组播容量下界

本节研究随机扩展网在一般物理模型下的组播容量下界。先提出两种组播策略，分别记为 $\mathbb{M}_1$ 和 $\mathbb{M}_2$。为了描述方便，给出以下这个定义。

定义 3.7 机制网格(Scheme Lattice)

将一个方形区域 $\mathcal{R}(n, a^2) = [0, a]^2$ 分割成边长为 g 的小方格子(Cell)，称生成的网格图为 Scheme Lattice，并记之为 $\mathbb{L}(a, g, \theta)$，其中 $\theta \in \left[0, \dfrac{\pi}{4}\right]$ 表示格子的边与 $\mathcal{R}(n, a^2)$ 边之间的最小夹角。

3.5.1 高速公路系统

将构建高速公路系统(Highway System)以作为组播路由骨干。该系统由两级高速公路系统组成：一级高速公路(First-Class Highways, FHs)和二级高速公路(Second-Class Highways, SHs)。

(1) 一级高速公路系统

首先依据文献[68]中的方法构造一级高速公路系统，并介绍传输调度机制使得每条高速公路的容量为常数阶。

构造一级高速公路 FH: 将基于机制网格 $\mathbb{L}\left(\sqrt{n}, c, \dfrac{\pi}{4}\right)$ 构造 FH，请如图 3－2(a)所示。从而，$\mathbb{L}\left(\sqrt{n}, c, \dfrac{\pi}{4}\right)$ 中共有 m^2 个格子，其中 $m =$

$\left[\frac{\sqrt{n}}{\sqrt{2}c}\right]$。注意，可以调整 c 的值使得 $\frac{\sqrt{n}}{\sqrt{2}c}$ 成为一个整数。令 $N(\mathcal{C}_i)$ 表示格子 $\mathcal{C}_i$ 中的泊松点个数，则其服从期望为 c^2 的泊松分布。对任意 i，格子 $\mathcal{C}_i$ 非空，即 $N(\mathcal{C}_i)\geqslant 1$ 的概率为 $p\equiv 1-e^{-c^2}$。如果一个格子是非空的，称其为 open；否则，称其为 closed。基于 $\mathbb{L}\left(\sqrt{n},\ c,\ \frac{\pi}{4}\right)$，生成新的 scheme lattice $\mathbb{L}(\sqrt{n},\ \sqrt{2}c,\ 0)$，如图 3-2(a)所示。称 $\mathbb{L}(\sqrt{n},\ \sqrt{2}c,\ 0)$ 中的一条边为 open 的，如果其跨过的 $\mathbb{L}\left(\sqrt{n},\ c,\ \frac{\pi}{4}\right)$ 中的格子是 open 的；称一条路径是 open 的，如果其只包含 open 的边。基于一条跨过部署区域的 open 路径，从对应于该路径的边的格子$\left(\mathbb{L}\left(\sqrt{n},\ c,\ \frac{\pi}{4}\right)\text{中的格子}\right)$中随机选取一个点，并将这些点连接起来，就构建了一条一级高速公路。

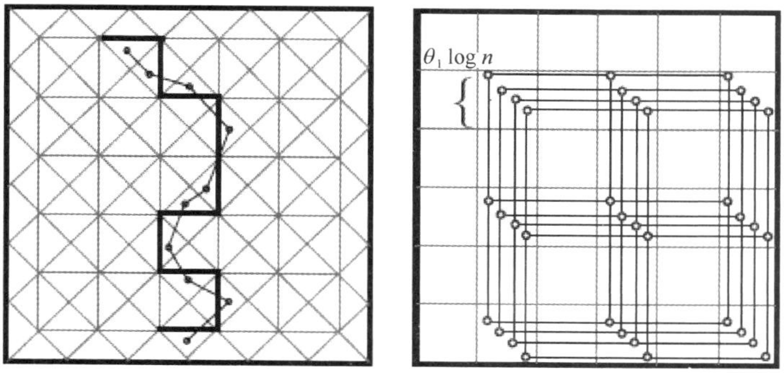

(a) First-class highways　　(b) Second-class highways

图 3-2　构建高速公路

一级高速公路 FH 的密度：给定一个常数 $\kappa>0$，将机制网格 $\mathbb{L}\left(\sqrt{n},\ c,\ \frac{\pi}{4}\right)$ 分割成水平(或垂直)的矩形块，其大小为 $m\times(\kappa\log m-\epsilon_m)$（或 $(\kappa\log m-\epsilon_m)\times m$）个小格子，分别记为 $\mathcal{R}_i^h$（或 $\mathcal{R}_i^v$）。记 $\mathcal{R}_i^h$（或 $\mathcal{R}_i^v$）中不

相交的 FH 的数目为 N_i^h（或 N_i^v）。则有以下结论[68]：

引理 3.14　一级高速公路密度

对于满足条件 $2+\kappa\log(6(1-p))<0$ 的 κ 和 $p\in(5/6,1)$，存在一个常数 $\delta=\delta(\kappa,p)$ 使得

$$\lim_{m\to\infty}\Pr(N^h\geqslant\delta\log m)=1,\ \lim_{m\to\infty}\Pr(N^v\geqslant\delta\log m)=1$$

其中，$N^h=\min_i N_i^h$，$N^v=\min_i N_i^v$。

一级高速公路 FH 的表示：只从每个水平块（或垂直块）中选取 $\delta\log m$ 条水平（或垂直）FH，这不会影响到最终结果的阶。可以进一步把每个水平块（或垂直块）分割成 $\delta\log m$ 个大小为 $l\times m$ 水平条（或垂直条），其中 $l=\dfrac{\kappa\log m-\epsilon_m}{\delta\log m}$。继而可以开始定义块、条和 FH 之间的映射，详见表 3-2。

表 3-2　FH 的相关表示

符　号	含　义
$\mathcal{R}_i^h$（或 $\mathcal{R}_i^v$）	第 i 个水平（或垂直）块
$\mathbb{R}^h$（或 $\mathbb{R}^v$）	所有水平（或垂直）块的集合
$\mathcal{S}_j^h$（或 $\mathcal{S}_j^v$）	第 j 个水平（或垂直）条
$\mathbb{S}^h$（或 $\mathbb{S}^v$）	所有水平（或垂直）条的集合
$\mathfrak{h}_k^h$（或 $\mathfrak{h}_k^v$）	第 k 个水平（或垂直）FH
$\mathbb{H}^h$（或 $\mathbb{H}^v$）	所有水平（或垂直）FH 的集合
$\mathbf{g}^h:\mathbb{S}^h\to\mathbb{H}^h$	水平条和水平 FH 之间的双射关系
$\mathbf{g}^v:\mathbb{S}^v\to\mathbb{H}^v$	垂直条和垂直 FH 之间的双射关系
$\mathbf{f}^h:\mathcal{V}\to\mathbb{H}^h$	从点到水平 FH 的函数关系
$\mathbf{f}^v:\mathcal{V}\to\mathbb{H}^v$	从点到垂直 FH 的函数关系
$\psi^h:\mathbb{H}^h\to\mathbb{R}^h$	从水平 FH 到水平块的函数关系
$\psi^v:\mathbb{H}^v\to\mathbb{R}^v$	从垂直 FH 到垂直块的函数关系

一级高速公路 FH 的调度： 采用一个基于 $\mathbb{L}\left(\sqrt{n},\ c,\ \frac{\pi}{4}\right)$ 的9 - TDMA 机制调度一级高速公路，即在文献[68]的图 4 所示机制中，令 $K=3$ 和 $d=1$。根据文献[68]中的定理 3，每条 FH 的速率可达 $\Omega(1)$ 阶。

(2) 二级高速公路系统

下面构建二级高速公路(Second-Class Highways，SHs)并设计相应的调度机制使得每条 SH 速率可达 $\Omega((\log n)^{-\alpha/2})$。

构造二级高速公路 SH： 将基于机制网格 $\mathbb{L}(\sqrt{n},\ \sigma\sqrt{\log n}-\epsilon_n,\ 0)$ 构造 SH，如图 3 - 2(b)所示，其中，$\sigma>0$ 是一个常数且我们取 $\epsilon_n>0$ 为使得 $\frac{\sqrt{n}}{\sigma\sqrt{\log n}-\epsilon_n}$ 为整数的最小数值。这里，$\epsilon_n=o(1)$。从而，有 $\frac{n}{(\sigma\sqrt{\log n}-\epsilon_n)^2}$ 个格子。令 $N(\overline{\mathcal{C}}_i)$ 表示格子 $\overline{\mathcal{C}}_i$ 中的泊松点个数，则其服从期望为 $(\sqrt{\log n}-\epsilon_n)^2$ 的泊松分布。进而定义 $N(\overline{\mathcal{C}}_i)$ 的一致下界为 $N_{\mathcal{C}}$。

为确保 SH 的构造方法可行，给出以下这个引理。

引理 3.15　二级高速公路对格子大小的要求

对任意 ϱ，$\varrho>1+\log\varrho$ 和 σ，$\sigma^2\geqslant\frac{4\varrho}{2\varrho-\log\varrho-1}$，$\mathbb{L}(\sqrt{n},\ \sigma\sqrt{\log n}-\epsilon_n,\ 0)$ 中的每个格子包含的节点不少于 $\theta_1\log n$ 个，其中 $\theta_1=\frac{\sigma^2}{2\varrho}$ 是一个常数。

可以称 $\mathbb{L}(\sqrt{n},\ \sigma\sqrt{\log n}-\epsilon_n,\ 0)$ 的每一行(或每一列)为行块(或列块)，并记为 $\overline{\mathcal{R}}_i^h$ (或 $\overline{\mathcal{R}}_i^v$)。对 $\mathbb{L}(\sqrt{n},\ \sigma\sqrt{\log n}-\epsilon_n,\ 0)$ 中的格子进行编号(从左至右，从上至下增序)，并称奇数序号(或偶数序号)的格子为奇序(或偶序)格子。用以下步骤在 $\overline{\mathcal{R}}_i^h$ 中构造水平(或垂直)SH：首先，从每个格子

中选取一个点，然后，水平（垂直）方向连接偶序（奇序）格子中的点构成水平（或垂直）偶序（或奇序）SH。

二级高速公路 SH 的密度： 如果两条 SHs 没有公共点，则称为不相交的。记 $\bar{\mathcal{R}}_i^h$（或 $\bar{\mathcal{R}}_i^v$）中不相交的 SHs 的数目为 $\bar{N}_i^h$（或 $\bar{N}_i^v$）。令 $\bar{N}^h = \inf \bar{N}_i^h$，$N^v = \inf \bar{N}_i^v$。根据引理 3.15，$\mathbb{L}(\sqrt{n}, \sigma\sqrt{\log n} - \epsilon_n, 0)$ 中每个格子至少有 $\theta_1 \log n$ 个点，从而有：

引理 3.16　二级高速公路密度

对任意 ϱ，$\varrho > 1 + \log \varrho$ 和 σ，$\sigma^2 \geqslant \dfrac{4\varrho}{2\varrho - \log \varrho - 1}$，存在一个常数 $\theta_1 = \dfrac{\sigma^2}{2\varrho}$ 使得

$$\lim_{n\to\infty} \Pr(\bar{N}^h \geqslant 2\theta_1 \log n) = 1;\ \lim_{n\to\infty} \Pr(\bar{N}^v \geqslant 2\theta_1 \log n) = 1.$$

二级高速公路 SH 的表示： 为描述简便，从每个行块（或列块）中只选取 $\theta_1 \log n$ 条水平（或垂直）奇序 SH 和 $\theta_1 \log n$ 条水平（或垂直）偶序 SH。这不会改变最终结果的阶。可以进一步把每个行块（或列块）分割成 $2\theta_1 \log n$ 个大小为 $\bar{l} \times \sqrt{n}$ 的行条（或列条）。进而定义 SH，行块和行条之间的映射关系，如表 3-3 所列。

表 3-3　SH 的相关表示

符　　号	含　　义
$\bar{\mathcal{R}}_i^h$（或 $\bar{\mathcal{R}}_i^v$）	第 i 个行块（或列块）
$\bar{\mathbb{R}}^h$（或 $\bar{\mathbb{R}}^v$）	所有行块（或列块）的集合
$\bar{\mathcal{S}}_j^h$（或 $\bar{\mathcal{S}}_j^v$）	第 j 个行条（或列条）
$\bar{\mathbb{S}}^h$（或 $\bar{\mathbb{S}}^v$）	所有行条（或列条）的集合
$\bar{\mathfrak{H}}_k^h$（或 $\bar{\mathfrak{H}}_k^v$）	第 k 个水平（或垂直）SH
$\bar{\mathbb{H}}^h$（或 $\bar{\mathbb{H}}^v$）	所有水平（或垂直）SH 的集合

续　表

符　　号	含　　义
$\bar{\mathbf{g}}^h : \overline{\mathbb{S}}^h \to \overline{\mathbb{H}}^h$	行条和水平 SH 之间的双射关系
$\bar{\mathbf{g}}^v : \overline{\mathbb{S}}^v \to \overline{\mathbb{H}}^v$	列条和垂直 SH 之间的双射关系
$\bar{\mathbf{f}}^h : \mathcal{V} \to \overline{\mathbb{H}}^h$	从点到水平 SH 的函数关系
$\bar{\mathbf{f}}^v : \mathcal{V} \to \overline{\mathbb{H}}^v$	从点到垂直 SH 的函数关系

二级高速公路 SH 的调度： 将采用一个 16 - TDMA 机制来调度 SHs。设计一个方法叫作并行调度机制：在每个调度时间片（时隙）里，在每个格子中不是只调度一条边，而是同时调度 $\theta_1 \log n$ 条边的发射点，如图3 - 3所示。

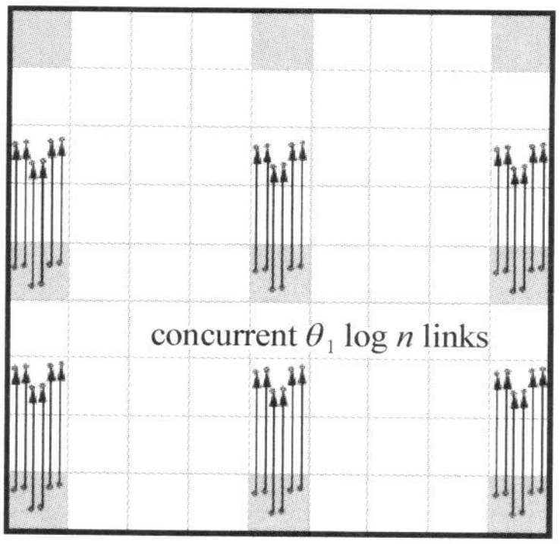

图 3 - 3　二级高速公路的并行调度机制

引理 3.17　二级高速公路容量

在并行调度机制之下，每条 SH 的速率可达 $\Omega((\log n)^{-\alpha/2})$ 阶。

证明　对 SH 上的任意一条边，由于其长度至少为 $\sigma\sqrt{\log n} - \epsilon_n$，从而其接收点上受到干扰的总和为

$$
\begin{aligned}
I(n) &\leqslant P \cdot (\theta_1 \log n - 1) \cdot \ell(\sigma\sqrt{\log n} - \epsilon_n) \\
&\quad + \sum_{i=1}^{n} 8iP(\theta_1 \log n) \cdot \ell((4i-3) \cdot (\sigma\sqrt{\log n} - \epsilon_n)) \\
&\leqslant 2^{\alpha} \cdot P\theta_1 \sigma^{-\alpha} (\log n)^{1-\frac{\alpha}{2}} \cdot \left(1 + \lim_{n\to\infty} \sum_{i=1}^{n} \frac{8i}{(4i-3)^{\alpha}}\right)
\end{aligned}
$$

其中，当 $\alpha > 2$ 时，最后出现的极限是收敛于常数的。另一方面，因为每条边的长度至多为$\sqrt{10}(\sigma\sqrt{\log n} - \epsilon_n)$，从而，在接收点上，其信号强度为

$$S(n) \geqslant P \cdot \ell(\sqrt{10}(\sigma\sqrt{\log n} - \epsilon_n)) \geqslant P \cdot 10^{-\frac{\alpha}{2}} \sigma^{-\alpha}(\log n)^{-\frac{\alpha}{2}}$$

所以，SH 的速率至少为

$$R(n) = \frac{1}{16} \cdot B \cdot \log_2\left(1 + \frac{S(n)}{N_0 + I(n)}\right)$$

因为 $\alpha > 2$ 且 $N_0 > 0$，所以，$\frac{S(n)}{N_0 + I(n)} \to 0$。因此，$R(n) = \Omega((\log n)^{-\alpha/2})$。

□

3.5.2 组播策略 1

组播策略 $\mathbb{M}_1$ 是基于 FHs 和 SHs 设计的。用 $\mathbb{M}_1^r$ 和 $\mathbb{M}_1^t$ 分别表示 $\mathbb{M}_1$ 的路由和传输调度机制。

(1) 路由机制 1

对任意组播会话 $\mathcal{M}_{\mathcal{S},k}$，$k \in [1, n_s]$，其生成集为 $\mathcal{U}_{\mathcal{S},k}$，运用类似于文献[78]中的算法构造一棵欧几里得生成树(Euclidean Spanning Tree)，记为 EST($\mathcal{M}_{\mathcal{S},k}$) 或 EST($\mathcal{U}_{\mathcal{S},k}$)。称 FH 上的点为一级站点(First-class Station)，称 SH 上的点为二级站点(Second-class Station)。请见图 3-2 所示。基于算法 3.1 输出的 ST($\mathcal{U}_{\mathcal{S},k}$)，设计了算法 3.2 构造 $\mathcal{M}_{\mathcal{S},k}$ 的组播树 $\mathcal{T}(\mathcal{M}_{\mathcal{S},k})$ 或 $\mathcal{T}(\mathcal{U}_{\mathcal{S},k})$。

(2) 传输调度机制 1

从 v_i 到 v_j 的路由过程，可分为对应于算法 3.2 中子步骤(1)—(7)的 7 个阶段。所有阶段共涉及两种类型的链接长度(Hop Length)。第一种是 FH 上的短链接，称之为一级链接(First-class Links)，在阶段 3,4 和 5 中都是这种链接。第二种是长度阶为 $\Theta(\sqrt{\log n})$ 的长链接，称之为二级链接(Second-class Links)，阶段 1,2 和阶段 6,7 涉及的都是这种链接。从而可以把调度过程分为两个子阶段(一级阶段和二级阶段)来分别调用一级链接和二级链接。

算法 3.2　组播路由机制 $\mathbb{M}_1^r$

输入：一个组播会话 $\mathcal{M}_{\mathcal{S},k}$ 和其生成树 EST($\mathcal{U}_{\mathcal{S},k}$)。

输出：一棵组播路由树 $\mathcal{T}(\mathcal{U}_{\mathcal{S},k})$。

1. 对每一条边 $v_i \to v_j \in$ EST($\mathcal{U}_{\mathcal{S},k}$)，执行以下的子步骤以实现 v_i 到 v_j 的路由（图 3-4）。

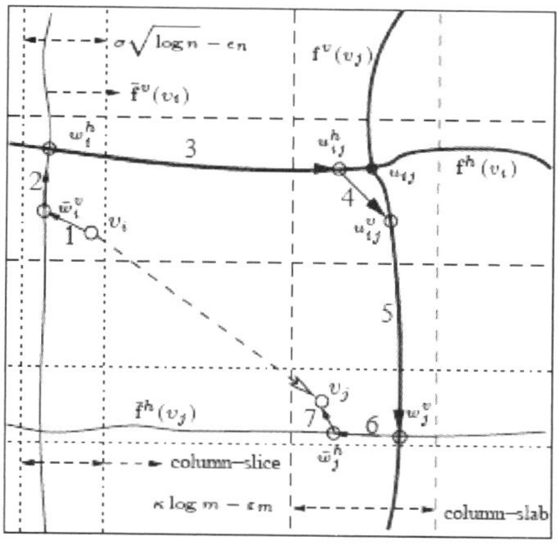

图 3-4　从 v_i 到 v_j 的路由

(1) 通过一个长距离单跳，v_i 将数据注入垂直 SH $\bar{\mathbf{f}}^v(v_i)$ 上的二级站点 $\overline{w}_i^v$（其为 $\bar{\mathbf{f}}^v(v_i)$ 上与 v_i 距离为 $\Theta(\sqrt{\log n})$ 阶最近的二级站点）。

(2) 沿着 SH $\bar{\mathbf{f}}^v(v_i)$，数据被注入水平 FH $\mathbf{f}^h(v_i)$ 上的一级站点 w_i^h（其为离 $\bar{\mathbf{f}}^v(v_i)$ 和 $\mathbf{f}^h(v_i)$ 交点最近的一级站点）。

(3) 数据沿着 $\mathbf{f}^h(v_i)$ 被传输到一级站点 u_{ij}^h（其为 $\mathbf{f}^h(v_i)$ 上离 $\mathbf{f}^h(v_i)$ 和 $\mathbf{f}^v(v_j)$ 交点 u_{ij} 最近的一级站点）。

(4) 通过一个短单跳，数据从 u_{ij}^h 传输到 u_{ij}^v（其为 $\mathbf{f}^v(v_j)$ 上离 u_{ij} 最近的一级站点）。

(5) 数据沿着 $\mathbf{f}^v(v_j)$ 被传输到 w_j^v（其为 $\mathbf{f}^v(v_j)$ 上距离 $\bar{\mathbf{f}}^h(v_j)$ 和 $\mathbf{f}^v(v_j)$ 交点最近的一级站点）。

(6) 沿着 SH $\bar{\mathbf{f}}^h(v_j)$，数据被发放到 $\overline{w}_j^h$（其为 $\bar{\mathbf{f}}^h(v_j)$ 上与 v_j 距离为 $\Theta(\sqrt{\log n})$ 阶最近的二级站点）。

(7) 通过一个长距离单跳，$\overline{w}_j^h$ 将数据发放到 v_j 上。

2. 考虑 EST($\mathcal{U}_{\mathcal{S},k}$) 中的下一条边(Go to Step 1)，直到 EST($\mathcal{U}_{\mathcal{S},k}$) 中所有的边被考虑。

3. 对于所得的图，合并相同的边，并在不影响连通性的前提下，移除环，最终得到一棵组播路由树 $\mathcal{T}(\mathcal{U}_{\mathcal{S},k})$。

3.5.3 组播策略 1 的网络吞吐量

对于由阶段 3,4 和 5 组成的一级阶段,阶段 4 实际上与阶段 3 和 5 没有区别,因此,本书不单独分析。将一级阶段称为阶段-(3; 4; 5),对于这个阶段,给出以下结论:

引理 3.18 阶段 3 - 4 - 5 的网络吞吐量

在阶段-(3; 4; 5)中,网络吞吐量可达

$$\Lambda_{3;4;5}=\begin{cases}\Omega\left(\dfrac{1}{n_s}\cdot\dfrac{n}{Q_{3;4;5}}\right) & \text{when}\quad n_s=\left[\dfrac{n\cdot\log n}{Q_{3;4;5}},\ n\right]\\[2ex] \Omega(1/\log n) & \text{when}\quad n_s=\left(1,\ \dfrac{n\cdot\log n}{Q_{3;4;5}}\right]\end{cases}$$

其中,

$$Q_{3;4;5}=\begin{cases}\Theta(\sqrt{n_d n}) & \text{when}\quad n_d:\left[1,\ \dfrac{n}{(\log n)^2}\right]\\[2ex] \Theta(n_d\log n) & \text{when}\quad n_d:\left[\dfrac{n}{(\log n)^2},\ \dfrac{n}{\log n}\right]\\[2ex] \Theta(n) & \text{when}\quad n_d:[n/\log n,\ n].\end{cases}$$

下面,考虑阶段 2 和 6。

引理 3.19 阶段 2 的网络吞吐量

在阶段 2 中,网络吞吐量可达

$$\Lambda_2=\begin{cases}\Omega\left(\dfrac{R_2}{n_s}\cdot\dfrac{n}{Q_2}\right) & \text{when}\quad n_s=\left[\dfrac{n}{Q_2}\cdot\log n,\ n\right]\\[2ex] \Omega(R_2/\log n) & \text{when}\quad n_s=\left(1,\ \dfrac{n}{Q_2}\cdot\log n\right]\end{cases}$$

其中,$R_2=\Omega((\log n)^{-\alpha/2})$,$Q_2=\min_{\text{order}}\{n_d\sqrt{\log n},\ n\}$。

运用类似的方法,针对阶段 6 得到结论如下:

引理 3.20　阶段 6 的网络吞吐量

在阶段 6 中，网络吞吐量可达到与阶段 2 中同样的阶。

在阶段 1 和 7 中，与阶段 2 和 6 类似，也可以采用一个 16 - TDMA 机制去并行调度长度阶为 $\Theta(\sqrt{\log n})$ 的链接，从而保证了 $\Omega((\log n)^{-\alpha/2})$ 的链接速率。另一方面，在阶段 1 和 7 中，由于是单跳的模式，从而没有转发负担，因此可得到以下结果：

引理 3.21　阶段 1 和 7 的网络吞吐量

$$\min_{\text{order}}\{\Lambda_1,\ \Lambda_7\} = \Omega(\min_{\text{order}}\{\Lambda_2,\ \Lambda_6\})$$

综合考虑引理 3.18、引理 3.19、引理 3.20 和引理 3.21，根据引理 3.9，得到以下定理。

定理 3.3　组播策略 $\mathbb{M}_1$ 下的可达吞吐量

在组播策略 $\mathbb{M}_1$ 下，网络组播吞吐量可达：

当 $n_d = O(n/\sqrt{\log n})$ 时，为

$$\begin{cases} \Omega\left(\dfrac{1}{(\log n)^{1+\frac{\alpha}{2}}}\right) & \text{when} \quad n_s:\left(1,\ \dfrac{n\log n}{\Gamma}\right] \\ \Omega\left(\min_{\text{order}}\left\{\dfrac{n}{n_s\Gamma},\ \dfrac{1}{(\log n)^{1+\frac{\alpha}{2}}}\right\}\right) & \text{when} \quad n_s:\left[\dfrac{n\log n}{\Gamma},\ \dfrac{n\sqrt{\log n}}{n_d}\right] \\ \Omega\left(\min_{\text{order}}\left\{\dfrac{n}{n_s\Gamma},\ \dfrac{n}{n_s n_d(\log n)^{\frac{\alpha+1}{2}}}\right\}\right) & \text{when} \quad n_s:\left[\dfrac{n\sqrt{\log n}}{n_d},\ n\right] \end{cases}$$

当 $n_d = \Omega(n/\sqrt{\log n})$ 时，为

$$\begin{cases} \Omega\left(\dfrac{n}{n_s n_d(\log n)^{\frac{\alpha+1}{2}}}\right) & \text{when} \quad n_s:(1,\ n\sqrt{\log n}/n_d] \\ \Omega\left(\dfrac{1}{(\log n)^{1+\frac{\alpha}{2}}}\right) & \text{when} \quad n_s:[n\sqrt{\log n}/n_d,\ n] \end{cases}$$

其中，$\Gamma := Q_{3;4;5}$。

3.5.4 组播策略 2

下面设计另外一种只基于二级高速公路 SH 系统的组播策略，记为 $\mathbb{M}_2$，其路由机制和调度机制分别记为 $\mathbb{M}_2^r$ 和 $\mathbb{M}_2^t$。

对于路由机制，本书设计了算法 3.3。对于传输调度机制 $\mathbb{M}_2^t$，可以只调用二级传输调度，因为在路由 $\mathbb{M}_2^r$ 中，不涉及一级链接。

算法 3.3 组播路由机制 $\mathbb{M}_2^r$

输入：一个组播会话 $\mathcal{M}_{\mathcal{S},k}$ 和其生成树 EST($\mathcal{U}_{\mathcal{S},k}$)。

输出：一棵组播路由树 $\bar{\mathcal{T}}(\mathcal{U}_{\mathcal{S},k})$。

1. 对每一条边 $v_i \rightarrow v_j \in$ EST($\mathcal{U}_{\mathcal{S},k}$)，执行以下的子步骤以实现 v_i 到 v_j 的路由。
   (1) 通过一个单跳，v_i 将数据注入垂直 SH $\bar{\mathbf{f}}^v(v_i)$ 上的二级站点 $\overline{w}_i^v$（其为 $\bar{\mathbf{f}}^v(v_i)$ 上与 v_i 距离为 $\Theta(\sqrt{\log n})$ 阶最近的二级站点）。
   (2) 沿着 SH $\bar{\mathbf{f}}^v(v_i)$，数据被传输到二级站点 $\bar{u}_{ij}^v$（其为 $\bar{\mathbf{f}}^v(v_i)$ 上离 $\bar{\mathbf{f}}^v(v_i)$ 和 $\bar{\mathbf{f}}^v(v_j)$ 交点 $\bar{u}_{ij}$ 最近的二级站点）。
   (3) 通过一个单跳，数据从 $\bar{u}_{ij}^v$ 传输到 $\bar{u}_{ij}^h$（$\bar{\mathbf{f}}^h(v_j)$ 上离 $\bar{u}_{ij}$ 最近的二级站点）。
   (4) 沿着 $\bar{\mathbf{f}}^h(v_j)$，数据被传输到 $\overline{w}_j^h$（其为 $\bar{\mathbf{f}}^h(v_j)$ 上与 v_j 距离为 $\Theta(\sqrt{\log n})$ 阶最近的二级站点）。
   (5) 通过一个单跳，$\overline{w}_j^h$ 将数据发放到 v_j 上。
2. 考虑 EST($\mathcal{U}_{\mathcal{S},k}$) 中的下一条边(Go to Step 1)，直到 EST($\mathcal{U}_{\mathcal{S},k}$) 中所有的边被考虑。
3. 对于所得的图，合并相同的边，并在不影响连通性的前提下，移除环，最终得到一棵组播路由树 $\mathcal{T}(\mathcal{U}_{\mathcal{S},k})$。

3.5.5 组播策略 2 的网络吞吐量

由此证明，当 $\mathbb{M}_1$ 组播策略的瓶颈位于第二阶段，则在网络吞吐量方面 $\mathbb{M}_2$ 优于 $\mathbb{M}_1$。我们有，

定理 3.4 组播策略 $\mathbb{M}_2$ 下的网络吞吐量

在组播策略 $\mathbb{M}_2$ 下，网络吞吐量可达

$$\begin{cases} \Omega\left(\dfrac{n}{(\log n)^{\frac{\alpha}{2}} n_s \cdot \bar{Q}}\right) & \text{when} \quad n_s = \Omega\left(\dfrac{n \cdot \log n}{\bar{Q}}\right) \\ \Omega\left(\dfrac{1}{(\log n)^{1+\frac{\alpha}{2}}}\right) & \text{when} \quad n_s = O\left(\dfrac{n \cdot \log n}{\bar{Q}}\right) \end{cases}$$

其中，$\bar{Q} = \begin{cases} \Theta\left(\sqrt{\dfrac{n_d n}{\log n}}\right) & \text{when} \quad n_d = O\left(\dfrac{n}{\log n}\right) \\ \Theta(n_d) & \text{when} \quad n_d = \Omega\left(\dfrac{n}{\log n}\right). \end{cases}$

3.5.6　随机扩展网一般组播吞吐量

结合定理 3.3 和定理 3.4，可以得到以下结论：

定理 3.5　随机扩展网一般组播吞吐量

在一般物理模型 $\mathfrak{S}_{\text{gau}}(\alpha)$ 下，随机扩展网的组播吞吐量可达 $\Omega(\lambda(n))$ 阶，其中，$\lambda(n)$ 和最优策略如表 3-4 所列。

表 3-4　随机扩展网络一般可达组播吞吐量

n_d 的取值范围	最优策略	$\lambda(n)$ 的阶
$\left[1, \dfrac{n}{(\log n)^{1+\alpha}}\right]$	$\mathbb{M}_1$	$\begin{cases} (\log n)^{-1-\frac{\alpha}{2}} & \text{if} \quad n_s: \left(1, \dfrac{\sqrt{n}}{\sqrt{n_d}} \cdot (\log n)^{1+\frac{\alpha}{2}}\right] \\ \dfrac{\sqrt{n}}{n_s \sqrt{n_d}} & \text{if} \quad n_s: \left(\dfrac{\sqrt{n}}{\sqrt{n_d}} \cdot (\log n)^{1+\frac{\alpha}{2}}, n\right] \end{cases}$
$\left[\dfrac{n}{(\log n)^{1+\alpha}}, \dfrac{n}{(\log n)^2}\right]$	$\mathbb{M}_1$	$\begin{cases} (\log n)^{-1-\frac{\alpha}{2}} & \text{if} \quad n_s: \left(1, \dfrac{n \cdot \sqrt{\log n}}{n_d}\right] \\ \dfrac{n}{n_s n_d (\log n)^{\frac{1+\alpha}{2}}} & \text{if} \quad n_s: \left[\dfrac{n \cdot \sqrt{\log n}}{n_d}, n\right] \end{cases}$

续 表

n_d 的取值范围	最优策略	$\lambda(n)$ 的阶
$\left[\frac{n}{(\log n)^2}, \frac{n}{\log n}\right]$	$\mathbb{M}_2$	$\begin{cases} (\log n)^{-1-\frac{\alpha}{2}} & \text{if} \quad n_s: \left(1, \frac{\sqrt{n}\cdot(\log n)^{\frac{3}{2}}}{\sqrt{n_d}}\right] \\ \frac{\sqrt{n}}{n_s\sqrt{n_d}\cdot(\log n)^{\frac{\alpha-1}{2}}} & \text{if} \quad n_s: \left[\frac{\sqrt{n}\cdot(\log n)^{\frac{3}{2}}}{\sqrt{n_d}}, n\right] \end{cases}$
$\left[\frac{n}{\log n}, n\right]$	$\mathbb{M}_2$	$\begin{cases} (\log n)^{-1-\frac{\alpha}{2}} & \text{if} \quad n_s: \left(1, \frac{n\log n}{n_d}\right] \\ \frac{\sqrt{n}}{n_s\cdot n_d\cdot(\log n)^{\frac{\alpha}{2}}} & \text{if} \quad n_s: \left[\frac{n\log n}{n_d}, n\right] \end{cases}$

根据定理 3.5，令 $n_s = \Theta(n)$，得到以下定理。

定理 3.6　随机扩展网组播吞吐量

在一般物理模型 $\mathfrak{S}_{\text{gau}}(\alpha)$ 下，当 $n_s = \Theta(n)$ 时，随机扩展网的每会话组播吞吐量可达

$$\begin{cases} \Omega\left(\frac{1}{\sqrt{n_d n}}\right) & \text{当} \quad n_d: \left[1, \frac{n}{(\log n)^{\alpha+1}}\right] \\ \Omega\left(\frac{1}{n_d(\log n)^{\frac{\alpha+1}{2}}}\right) & \text{当} \quad n_d: \left[\frac{n}{(\log n)^{\alpha+1}}, \frac{n}{(\log n)^2}\right] \\ \Omega\left(\frac{1}{\sqrt{nn_d}\cdot(\log n)^{\frac{\alpha-1}{2}}}\right) & \text{当} \quad n_d: \left[\frac{n}{(\log n)^2}, \frac{n}{\log n}\right] \\ \Omega\left(\frac{1}{n_d(\log n)^{\frac{\alpha}{2}}}\right) & \text{当} \quad n_d: \left[\frac{n}{\log n}, n\right]. \end{cases}$$

3.6 本章小结

本章针对随机扩展网在一般物理模型下的网络理论组播容量展开研究。一方面，根据网络拓扑性质，推导出组播容量上界；另一方面，基于渗流理论，提出两种组播策略，并针对 n_s：$(1, n]$ 和 n_d：$[1, n]$ 的所有情况推导出可达组播吞吐量。在随机网络的组播容量方面有以下几个问题需要进一步研究。

3.6.1 消除随机扩展网组播容量上下界间的差距

本章给出的随机扩展网络组播容量的上下界，如图 3 - 5 所示。显然，在 $[n/(\log n)^{\alpha+1}, n/\log n]$ 时，容量上、下界之间存在差距，如图 3 - 5 中阴影所示。因此，如何找到新的论证方法求出更紧的上界或者设计更好的组播策略达到取得更紧的容量下界，以消除现在保留的这个差距，将是一个有意义且有挑战性的问题。

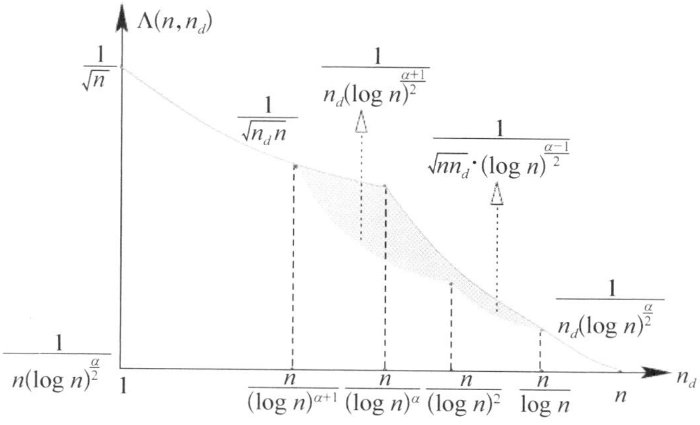

图 3 - 5　随机扩展网组播容量上下界间的差距(阴影部分)

3.6.2 一般密度的随机网络的容量

相关工作多是针对随机密集网（密度为 $\lambda = n$）[5, 6, 14, 16, 18, 19, 21, 24, 25, 67, 68, 71, 74, 77, 80-118]和随机扩展网（密度为 $\lambda = 1$）[17, 19, 68, 70, 72, 85, 119-121]两种特殊的模型。因此，针对一般密度随机网（密度为 λ：$(1, n)$）的容量研究也将成为一个值得研究的问题。

第4章 移动自组织网络性能的基本限制

本章将研究大规模移动自组织网络(MANET)的渐近性能,包括网络容量和延迟。不同于已有工作,本书采取的不是基于阈值的通信模型,而是考虑自调整速率(adaptive-rate)的模型下的网络性能。引入两类移动模型:混合随机游走移动模型(Hybrid Random Walk Models)和离散随机方向移动模型(Discrete Random Direction Models)。依据一定的参数取值,常见的随机游走移动模型、I. I. D. 移动模型、随机路点移动模型、离散布朗模型均可看做这两类模型的特例。

考虑到在自调整速率通信模型下,DTN(Delay-Tolerant Network)中最基本两跳转发策略的性能,推导出各种移动模型下,达到最优吞吐量条件下的最优延迟,并给出一些有启发性的结论。本章只考虑单播会话,其他的会话形式将作为下一步的研究工作。

4.1 相关工作介绍

在 MANET 中,自组织节点的移动使得网络拓扑频繁变化,从而使得网络性能包括容量延迟等产生变化。如果这种移动得到合适的应用,则网络的某些性能会得到相应的提高[25,94]。作为里程碑式的工作，Grosssglauser 和 Tse 证明了借助节点的移动 MANET 在网络单播容量方面是可扩展的，而相应的静态自组织网络则是不可扩展的[6]。然而，这种容量上的提升需要以很大的延迟为代价。因为，容量和延迟都是 MANET 在应用中需要关心的重要性能参数，所以研究延迟-容量的权衡（Tradeoffs）成为一个重要的问题。

一般情况下，MANET 的延迟和容量依赖于具体的网络移动模型。研究中常见的模型有 I. I. D. 模型[96,122]、随机游走模型[88]、布朗运动模型[88,102]和随机路点模型[108]等。Sharma 等[25]提出两大类移动模型：混合随机游走移动模型和离散随机方向移动模型，并给出单播容量和延迟权衡的一般结果。Wang 等[114]分析混合随机游走移动模型下组播容量和延迟的最优权衡。以上提到的所有相关工作中采用的通信模型均为基于阈值的模型，即协议模型或者物理模型。

4.2 本书的贡献

本书将首次采用自调整速率（Adaptive-rate）的模型研究这一问题。一般物理模型是具有代表性的自调整速率模型，本章将主要分析这种模型。为了提高结果的一般性，将采用混合随机游走移动模型（HRWMM）和离散随机方向移动模型（DRDMM）。这两种模型分别依赖于参数 γ 和 δ，其中，$0 \leqslant \gamma, \delta \leqslant 1$。当 $\gamma, \delta = 0$ 时，它们分别对应于随机游走模型和离散布朗运动模型；当 $\gamma, \delta = 1$ 时，它们将分别对应于 I. I. D. 模型和随机路点模型。

本书将基于经典的两跳转发机制设计在一般物理模型下的新的转发机制。该机制仍旧是基于阈值形式的：当两个点的距离不大于

l_s 时，这两个节点就可以直接通信，否则，就通过两跳转发策略通信，称 l_s 为关键距离(Critical Distance)。给定一个在一般物理模型下的两跳转发机制 $\mathbf{S}$，其主要由参数 l_s 决定，我们给出了 HRWMM 和 DRDMM 下的渐近网络容量 $\lambda(\mathbf{S}, n)$ 和对应平均网络延迟 $\mathbf{E}(D(\mathbf{S}, n))$。

4.2.1　针对 HRWMM 的结论

(1) 单播容量和平均延迟

模型 HRWMM 下的网络平均容量为

$$\begin{cases} \Omega\left(\dfrac{\log n \cdot n^{\gamma}}{(l_s)^2}\right) & \text{when} \quad l_s: \left[n^{\frac{\gamma}{2}}\sqrt{\log n}, \sqrt{n}\right] \\ \Theta(1) & \text{when} \quad l_s: \left[1, n^{\frac{\gamma}{2}}\sqrt{\log n}\right] \cap \left[1, \sqrt{n}\right]. \end{cases}$$

模型 HRWMM 下的网络平均延迟为

$$\begin{cases} \Theta\left(\dfrac{n}{(l_s)^2} + \dfrac{\log n}{n^{\gamma-1}}\right) & \text{when} \quad l_s: \left[1, n^{\frac{\gamma}{2}}\right] \cap \left[1, \sqrt{n}\right) \\ \text{下界 } \Omega\left(\dfrac{n^{1-\gamma}}{\log n}\right) & \text{when} \quad l_s: \left[n^{\frac{\gamma}{2}}, \sqrt{n}\right) \\ \text{上界 } O\left(\dfrac{n^{1-\gamma}}{\log n} + 1\right) & \text{when} \quad l_s = \Theta(\sqrt{n}). \end{cases}$$

特别是，当 $\gamma = 0$ 时：

$$\lambda(\mathbf{S}, n) = \begin{cases} \Theta(1) & \text{when} \quad l_s: \left[1, \sqrt{\log n}\right] \\ \Omega\left(\dfrac{\log n}{(l_s)^2}\right) & \text{when} \quad l_s: \left[\sqrt{\log n}, \sqrt{n}\right]. \end{cases}$$

$$\mathbf{E}(D(\mathbf{S},\ n)) = \begin{cases} \Theta(n\log n) & \text{当}\quad l_s = \Theta(1) \\ \Omega\left(\dfrac{n}{\log n}\right) & \text{当}\quad l_s:(1,\ \sqrt{n}) \\ O\left(\dfrac{n}{\log n}\right) & \text{当}\quad l_s = \Theta(\sqrt{n}). \end{cases}$$

见图 4 - 1(a)所示。

当 $0 < \gamma < 1$ 时，

$$\lambda(\mathbf{S},\ n) = \begin{cases} \Theta(1) & \text{当}\quad l_s:[1,\sqrt{n^{\gamma}\log n}] \\ \Omega\left(\dfrac{\log n \cdot n^{\gamma}}{(l_s)^2}\right) & \text{当}\quad l_s:(\sqrt{n^{\gamma}\log n},\ \sqrt{n}] \end{cases}$$

$$\mathbf{E}(D(\mathbf{S},\ n)) = \begin{cases} \Theta\left(\dfrac{n}{(l_s)^2}\right) & \text{当}\quad l_s:\left[1,\sqrt{\dfrac{n^{\gamma}}{\log n}}\right] \\ \Theta\left(\dfrac{\log n}{n^{\gamma-1}}\right) & \text{当}\quad l_s:\left[\sqrt{\dfrac{n^{\gamma}}{\log n}},\ n^{\frac{\gamma}{2}}\right] \\ \Omega\left(\dfrac{n^{1-\gamma}}{\log n}\right) & \text{当}\quad l_s:(n^{\frac{\gamma}{2}},\ \sqrt{n}) \\ O\left(\dfrac{n^{1-\gamma}}{\log n}\right) & \text{当}\quad l_s = \Theta(\sqrt{n}). \end{cases}$$

见图 4 - 1(b)所示。

当 $\gamma = 1$ 时，

$$\lambda(\mathbf{S},\ n) = \Theta(1)$$

$$\mathbf{E}(D(\mathbf{S},\ n)) = \begin{cases} \Theta\left(\dfrac{n}{(l_s)^2}\right) & \text{当}\quad l_s:\left[1,\sqrt{\dfrac{n}{\log n}}\right) \\ \Theta(\log n) & \text{当}\quad l_s:\left[\sqrt{\dfrac{n}{\log n}},\ \sqrt{n}\right) \\ \Theta(1) & \text{当}\quad l_s = \Theta(\sqrt{n}). \end{cases}$$

见图 4-1(c)所示。

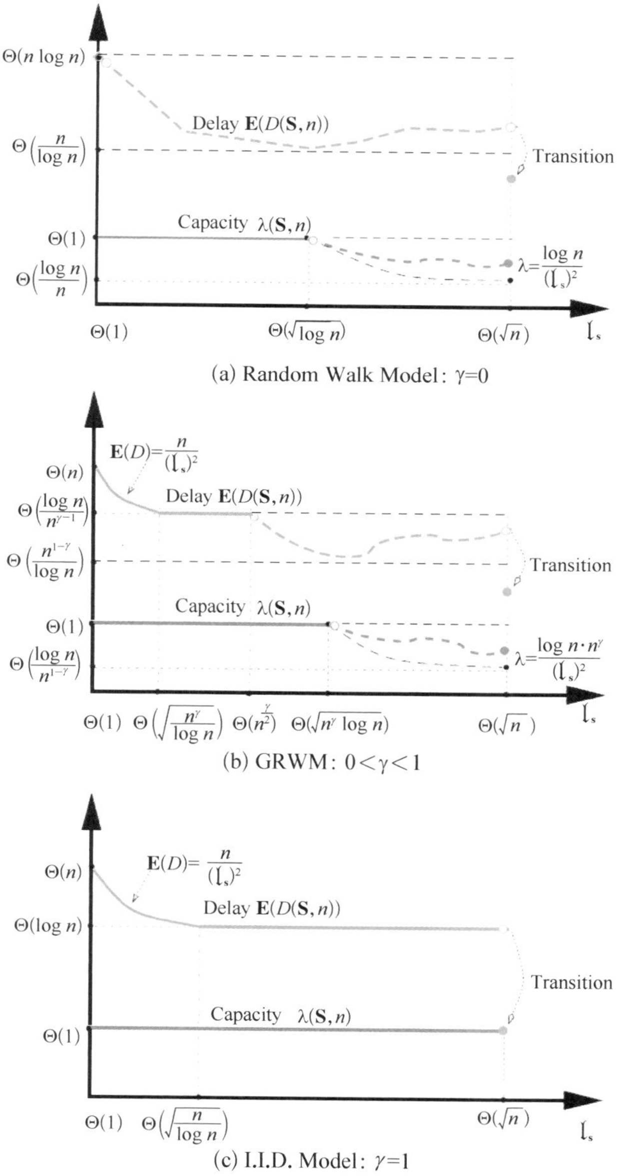

图 4-1　容量和延迟

(2) 结果的一些含义

● 在经典的两跳转发机制下，为了达到最优的吞吐量（$\Theta(1)$），在密集网中需要设定关键距离为 $l_s = \Theta(1/\sqrt{n})$ [94]；通过一个简单的几何扩展，也能得到在扩展网中，设定关键距离为 $l_s = \Theta(1)$ 时，可达到最优吞吐量。然而，这种设定仅是针对协议模型和物理模型而言。本书证明在一般物理模型下，这样的关键距离范围可以放松至 l_s：$[1, \min\{n^{\frac{\gamma}{2}}\sqrt{\log n}, \sqrt{n}\}]$。

● 对任意 $\gamma \in [0, 1]$，当容量保持在 $\Theta(1)$ 阶时，网络延迟随 l_s 的增大而非增。当 $l_s = \Theta(\sqrt{n})$ 时，延迟将发生一个跃迁。这种效果是得益于一般物理模型的速率的自适应性。当 $\gamma = 1$ 时，即 I. I. D. 模型，最优延迟也会发生一个跃迁：在简单的两跳机制下，容量和延迟可以同时达到最优，即 $\Theta(1)$ 阶，如图 4-2 所示。这种理想化的结果主要是由 I. I. D. 模型中节点自由度的极致化和一般物理模型的优势造成的。实际上，这一结果打破了已有工作中在协议模型和物理模型下的最优容量-延迟权衡[88, 92, 94, 96, 101, 113, 117, 123, 124]。

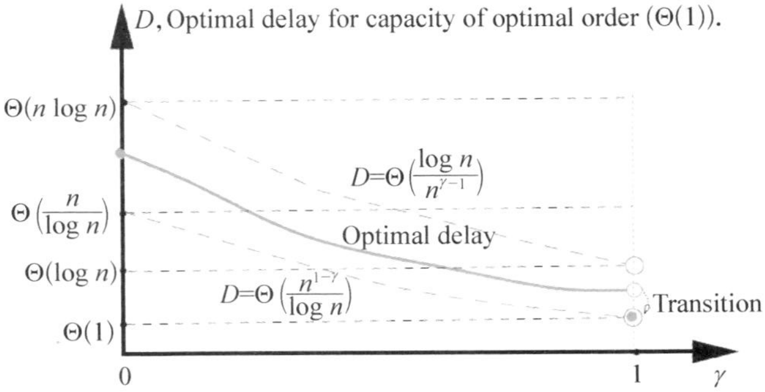

图 4-2　依据 γ 的最优延迟

● 在保证达到最优容量的前提下，当 $0 < \gamma \leqslant 1$ 时，在一般物理模型下的最优延迟比在协议模型和物理模型下要小；当 $\gamma = 0$ 时（随机游走模型），

在一般物理模型下的最优延迟不比在协议模型和物理模型下的大，如图 4－3所示。

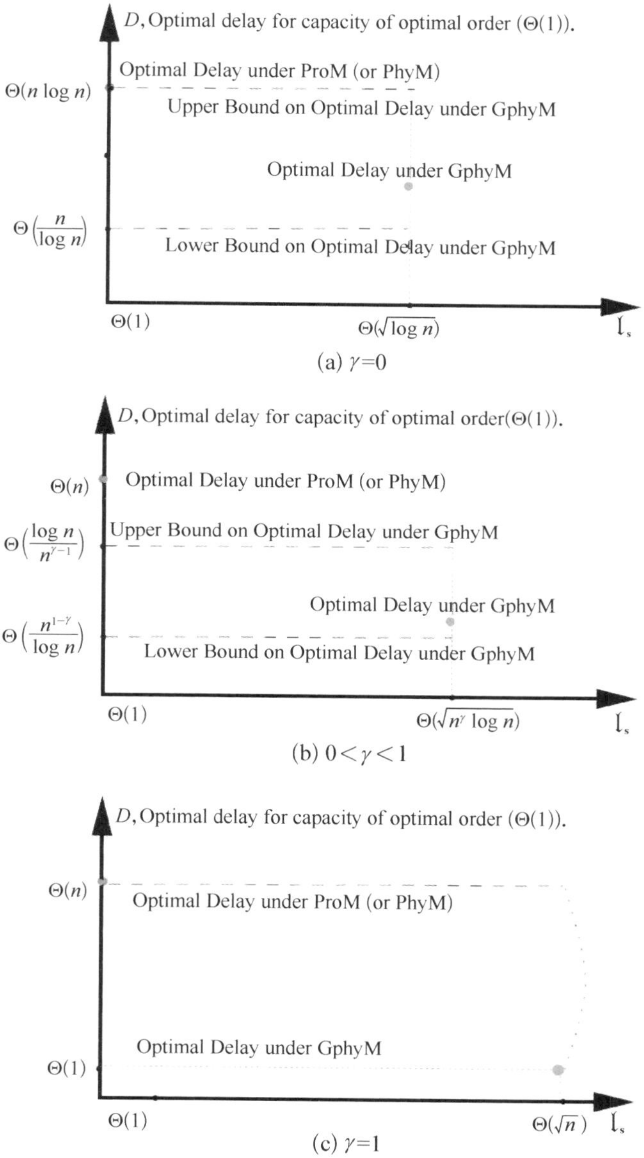

图 4－3　在保持最优网络容量前提下的最优延迟

4.2.2 针对 DRDMM 的结论

(1) 单播容量和平均延迟

模型 DRDMM 下的网络平均容量为

$$\begin{cases} \Omega\left(\dfrac{\log n \cdot n^{\frac{\delta}{2}}}{(\mathfrak{l}_{\mathrm{s}})^2}\right) & 当\quad \mathfrak{l}_{\mathrm{s}}:\left[n^{\frac{\delta}{2}}\sqrt{\log n},\ \sqrt{n}\right] \\ \Omega\left(\dfrac{1}{n^{\frac{\delta}{2}}}\right) & 当\quad \mathfrak{l}_{\mathrm{s}}:\left[n^{\frac{\delta}{2}},\ n^{\frac{\delta}{2}}\sqrt{\log n}\right]\cap\left[1,\ \sqrt{n}\right] \\ \Omega\left(\dfrac{1}{\mathfrak{l}_{\mathrm{s}}}\right) & 当\quad \mathfrak{l}_{\mathrm{s}}:\left[1,\ n^{\frac{\delta}{2}}\right], \end{cases}$$

模型 DRDMM 下的网络平均延迟为

$$\begin{cases} \Theta\left(\dfrac{n}{(\mathfrak{l}_{\mathrm{s}})^2}+\dfrac{\log n}{n^{\frac{\delta}{2}-1}}\right) & 当\quad \mathfrak{l}_{\mathrm{s}}:\left[1,\ n^{\frac{\delta}{2}}\right]\cap\left[1,\ \sqrt{n}\right) \\ 下界\ \Omega\left(\dfrac{n^{1-\frac{\delta}{2}}}{\log n}\right) & 当\quad \mathfrak{l}_{\mathrm{s}}:\left[n^{\frac{\delta}{2}},\ \sqrt{n}\right) \\ 上界\ O\left(\dfrac{n^{1-\frac{\delta}{2}}}{\log n}\right) & 当\quad \mathfrak{l}_{\mathrm{s}}=\Theta(\sqrt{n}). \end{cases}$$

特别是，当 $\delta=0$ 时：

$$\lambda(\mathbf{S},\ n)=\begin{cases} \Theta(1) & 当\quad \mathfrak{l}_{\mathrm{s}}:\left[1,\sqrt{\log n}\right] \\ \Omega\left(\dfrac{\log n}{(\mathfrak{l}_{\mathrm{s}})^2}\right) & 当\quad \mathfrak{l}_{\mathrm{s}}:\left[\sqrt{\log n},\ \sqrt{n}\right] \end{cases}$$

$$\mathbf{E}(D(\mathbf{S},\ n))=\begin{cases} \Theta(n\log n) & 当\quad \mathfrak{l}_{\mathrm{s}}:\left[1,\ \sqrt{n}\right) \\ 上界\ O\left(\dfrac{n}{\log n}\right) & 当\quad \mathfrak{l}_{\mathrm{s}}=\Theta(\sqrt{n}), \end{cases}$$

如图 4-4(a)所示。

当 $0<\delta<1$ 时，

$$\lambda(\mathbf{S},n)=\begin{cases}\Omega\left(\frac{1}{\mathfrak{l}_{\mathrm{s}}}\right) & 当\quad \mathfrak{l}_{\mathrm{s}}:[1,n^{\frac{\delta}{2}}]\\ \Omega\left(\frac{1}{n^{\frac{\delta}{2}}}\right) & 当\quad \mathfrak{l}_{\mathrm{s}}:[n^{\frac{\delta}{2}},n^{\frac{\delta}{2}}\sqrt{\log n}]\\ \Omega\left(\frac{\log n\cdot n^{\frac{\delta}{2}}}{(\mathfrak{l}_{\mathrm{s}})^2}\right) & 当\quad \mathfrak{l}_{\mathrm{s}}:[n^{\frac{\delta}{2}}\sqrt{\log n},\sqrt{n}],\end{cases}$$

$$\mathbf{E}(D(\mathbf{S},n))=\begin{cases}\Theta\left(\frac{n}{(\mathfrak{l}_{\mathrm{s}})^2}\right) & 当\quad \mathfrak{l}_{\mathrm{s}}:\left[1,\frac{n^{\frac{\delta}{4}}}{\sqrt{\log n}}\right]\\ \Theta\left(\frac{\log n}{n^{\frac{\delta}{2}-1}}\right) & 当\quad \mathfrak{l}_{\mathrm{s}}:\left[\frac{n^{\frac{\delta}{4}}}{\sqrt{\log n}},n^{\frac{\delta}{2}}\right]\\ 下界\ \Omega\left(\frac{n^{1-\frac{\delta}{2}}}{\log n}\right) & 当\quad \mathfrak{l}_{\mathrm{s}}:[n^{\frac{\delta}{2}},\sqrt{n})\\ 上界\ O\left(\frac{n^{1-\frac{\delta}{2}}}{\log n}\right) & 当\quad \mathfrak{l}_{\mathrm{s}}=\Theta(\sqrt{n}).\end{cases}$$

如图 4-4(b)所示。

当 $\gamma=1$ 时，

$$\lambda(\mathbf{S},n)=\Theta\left(\frac{1}{\mathfrak{l}_{\mathrm{s}}}\right)\text{for }\mathfrak{l}_{\mathrm{s}}:[1,\sqrt{n}],$$

$$\mathbf{E}(D(\mathbf{S},n))=\begin{cases}\Theta\left(\frac{n}{(\mathfrak{l}_{\mathrm{s}})^2}\right) & 当\quad \mathfrak{l}_{\mathrm{s}}:\left[1,\frac{\sqrt[4]{n}}{\sqrt{\log n}}\right]\\ \Theta(\sqrt{n}\cdot\log n) & 当\quad \mathfrak{l}_{\mathrm{s}}:\left[\frac{\sqrt[4]{n}}{\sqrt{\log n}},\sqrt{n}\right]\\ 上界\ O\left(\frac{\sqrt{n}}{\log n}\right) & 当\quad \mathfrak{l}_{\mathrm{s}}=\Theta(\sqrt{n}).\end{cases}$$

如图 4－4(c)所示。

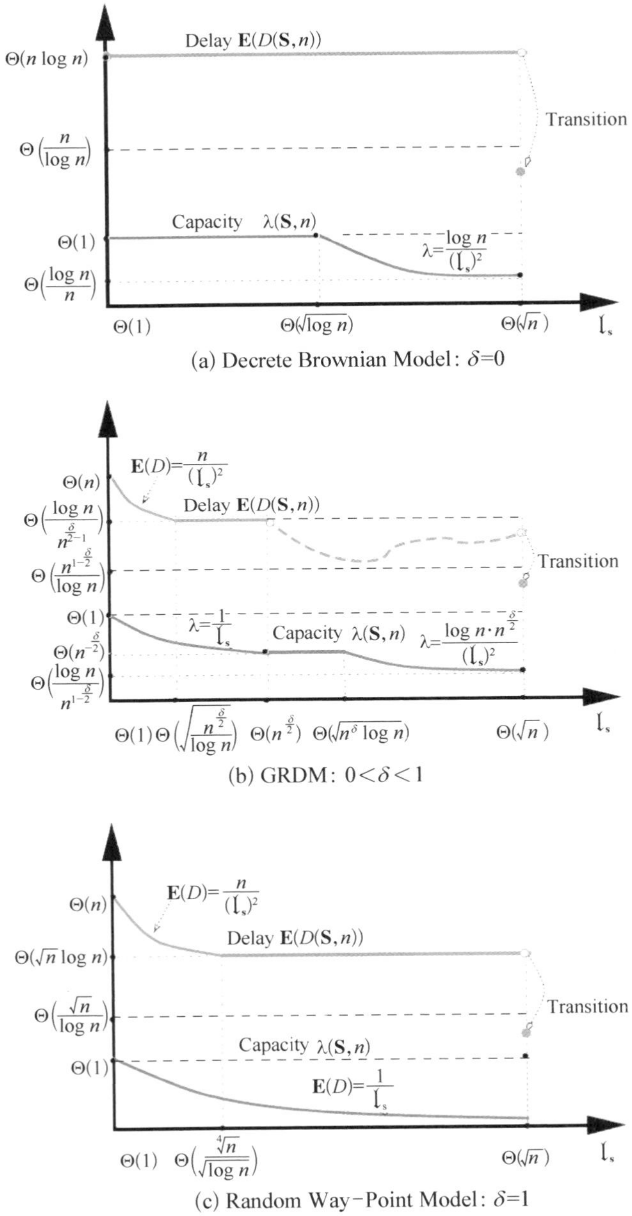

图 4－4　容量和延迟

(2) 结果的一些含义

● 对于 $0<\delta\leqslant 1$ 的情况，包括随机路点模型，必须设置 $\mathfrak{l}_S=\Theta(1)$ 使得网络达到最优阶吞吐量，即 $\Theta(1)$。

● 对于离散布朗运动模型，即 $\delta=0$ 时，当 $\mathfrak{l}_S$：$[1, \sqrt{\log n}]$ 时，网络可达最优阶的吞吐量。

● 当 $\mathfrak{l}_S$：$[1, n^{\frac{\delta}{2}}]\cap[1, \sqrt{n})$ 时，网络延迟的界是紧的。当 $\mathfrak{l}_S$：$[1, n^{\frac{\delta}{4}}/\sqrt{\log n}]$ 时，延迟与 $(\mathfrak{l}_S)^2$ 成反比，当 $\mathfrak{l}_S$ 超过阈值 $n^{\frac{\delta}{4}}/\sqrt{\log n}$ 时，网络延迟的阶不变。

4.2.3 基于阈值通信模型下的结果比较

基于已有的针对密集网的关于协议模型和物理模型下两跳策略的结果，通过简单的集合扩展，得到相应的针对扩展网的结果。本书给出在保证最优网络容量前提下，协议/物理模型下和一般物理模型下最优延迟比较，如表 4-1 所列。

表 4-1　在最优网络容量下的最优网络延迟

	协议/物理模型下的延迟	一般物理模型下的延迟
I. I. D. 模型：$\gamma=1$	$D=\Theta(n)$ by $\mathfrak{l}_S=\Theta(1)$	$D=\Theta(1)$ by $\mathfrak{l}_S=\Theta(\sqrt{n})$
随机游走模型：$\gamma=0$	$D=\Theta(n\log n)$ by $\mathfrak{l}_S=\Theta(1)$	$D=\Omega\left(\frac{n}{\log n}\right)$ by $\mathfrak{l}_S$：$(1, \sqrt{\log n}]$； $D=\Theta(n\log n)$ by $\mathfrak{l}_S=\Theta(1)$
HRWMM：$0<\gamma<1$	$D=\Theta(n)$ by $\mathfrak{l}_S=\Theta(1)$	$D=\Omega\left(\frac{n^{1-\gamma}}{\log n}\right)$ by $\mathfrak{l}_S$： $(n^{\frac{\gamma}{2}}, n^{\frac{\gamma}{2}}\sqrt{\log n}]$； $D=\Theta\left(\frac{\log n}{n^{\gamma-1}}\right)$ by $\mathfrak{l}_S=\Theta(n^{\frac{\gamma}{2}})$

续 表

	协议/物理模型下的延迟	一般物理模型下的延迟
随机路点模型：$\delta=1$	$D=\Theta(n)$ by $\mathfrak{l}_S=\Theta(1)$	$D=\Theta(n)$ by $\mathfrak{l}_S=\Theta(1)$
布朗模型：$\delta=0$	$D=\Theta(n\log n)$ by $\mathfrak{l}_S=\Theta(1)$	$D=\Omega\left(\frac{n}{\log n}\right)$ by $\mathfrak{l}_S$：$(1, \sqrt{\log n}]$； $D=\Theta(n\log n)$ by $\mathfrak{l}_S=\Theta(1)$
DRDM：$0<\delta<1$	$D=\Theta(n)$ by $\mathfrak{l}_S=\Theta(1)$	$D=\Theta(n)$ by $\mathfrak{l}_S=\Theta(1)$

4.3 网络模型

下面介绍本工作中采用的移动模型和通信模型。

4.3.1 移动模型

对于移动网络中的 Ad hoc 节点的最初部署，可设定为同构[91]随机网络 $\mathcal{N}_u(n, A)$。随后，所有的网络节点将根据混合随机游走移动模型(Hybrid Random Walk Models)或者离散随机方向移动模型(Discrete Random Direction Models)来运动。

本书将面积为 a 的区域分成 $\frac{a}{c}$ 个面积为 c 的小格子，得到一个机制网格(Scheme Lattice) $\mathbb{L}(a, c, 0)$，其中，为避免讨论中无关紧要的一些烦琐细节，假设 $\sqrt{\frac{a}{c}}$ 为整数。

(1) 混合随机游走移动模型(HRWMM)

HRWMM 基于机制网格 $\mathbb{L}(n, 1, 0)$ 和 $\mathbb{L}(n, n^{\gamma}, 0)$，其中，$\gamma\in[0,$

1]。称 $\mathbb{L}(n, n^{\gamma})$ 中的格子为超级格子(Super Cell)。将 $\mathbb{L}(n, 1)$ 中的格子(或者 $\mathbb{L}(n, n^{\gamma})$ 中超级格子)用一个二维坐标 (x, y) 定位,其中坐标原点 $(0, 0)$ 是在左下角的位置。为了处理边界效应(Edge Effects)[6],将部署区域看作一个环(Torus)。记格子(或者超级格子) (i, j) 的四个相邻格子依次为 $(i+1, j)(i-1, j)$,$(i, j+1)$ 和 $(i, j-1)$,这里的加法和减法将基于 n(或 $n^{1-\gamma}$) 取模操作。

时间被分为等长度的阶段。不失一般性,假设在 HRWMM 下每个阶段的长度为单位长度 $L_{\mathrm{p}}^{\mathrm{h}}$。初始状态下,每个点独立等概率地位于任意一个格子中。在每个阶段开始,每个点随机选择一个相邻的超级格子,继而从其中随机均匀选择一个格子,并跳到该格子中。如图 4-5(a)所示。

特别是,当 $\gamma=1$ 时,HRWMM 对应的是 I. I. D. 模型(图 4-5(b));当 $\gamma=0$ 时,HRWMM 对应的是随机游走模型(图 4-5(c))。

(2) 离散随机方向移动模型(DRDMM)

DRDMM 基于机制网格 $\mathbb{L}(n, n^{\delta}, 0)$。时间被分为长度为 $L_{\mathrm{p}}^{\mathrm{d}}$ 的等长阶段。初始状态下,每个点独立等概率地位于任意一个格子中。每个节点在每个阶段的移动如下:在每个阶段开始,每个点在一个随机选取的相邻格子中选择一个位置(目的点),并以常数阶速率移动到该位置。为了保持每个阶段的长度相同,设定每个点的速率与每个阶段的起点和终点间的距离成比例。注意每个阶段的长度阶为 $L_{\mathrm{p}}^{\mathrm{d}}=\Theta(n^{\delta/2})$。如图 4-5(d)所示。

特别是,当 $\delta=1$ 时,DRDMM 对应的是简化的随机路点模型(图 4-5(e));当 $\delta=0$ 时,DRDMM 对应的是离散版本的布朗运动模型(图 4-5(f))。

4.3.2 通信模型

(1) 静态时间片

在 HRWMM 下,节点是在每个阶段的开始瞬间移动,所以节点的位置在每个阶段中实际上可以看做是不动的。那么,有 $L_{\mathrm{s}}=L_{\mathrm{p}}^{\mathrm{h}}=1$。在

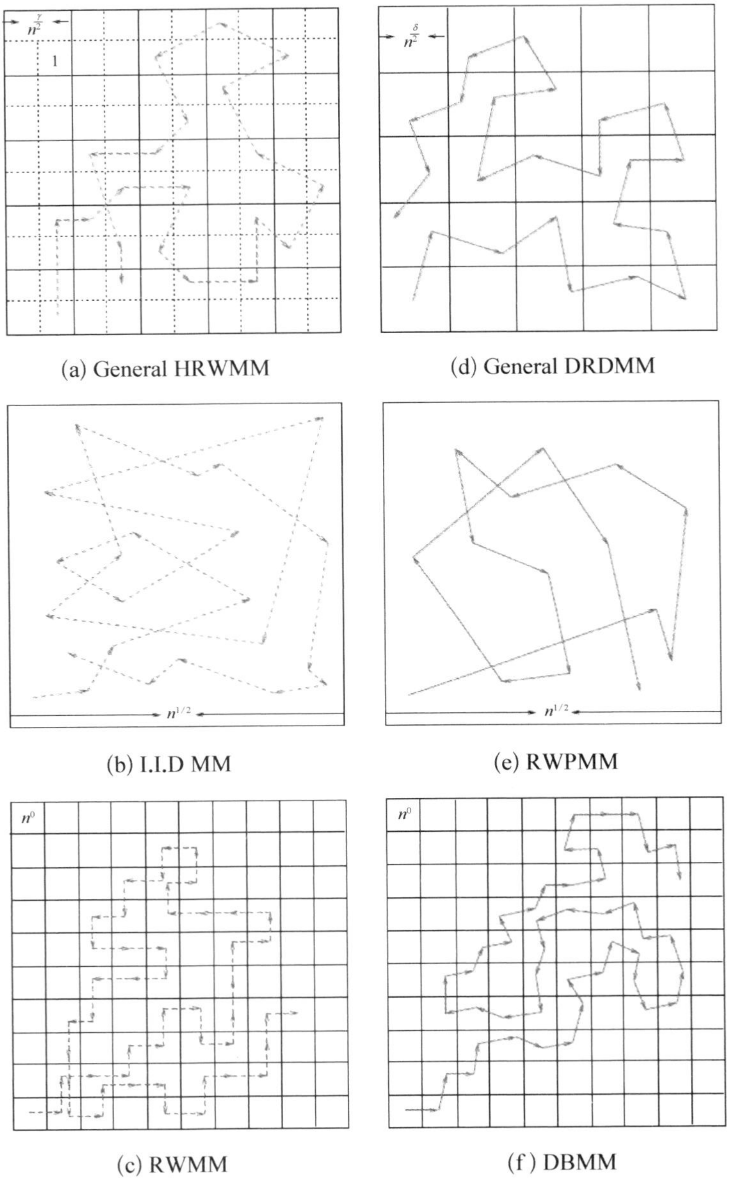

(a) General HRWMM　(d) General DRDMM

(b) I.I.D MM　(e) RWPMM

(c) RWMM　(f) DBMM

图 4-5　移动模型

DRDMM 下，节点在每个阶段以相对于区域而言无穷小的速率运动。为不失一般性，仍然可以设定 $L_s = 1$。

（2）一般物理模型

取定一个静态时间片，采用一般物理模型，见定义 2.4。

4.4　理论工具和知识准备

4.4.1　概率不等式

令 $\mathbf{E}(X)$ 和 $\mathbf{Var}(X)$ 分别表示随机变量 X 的期望和方差。Pr 为时间 E 的概率。

引理 4.1　Hoeffding's 不等式

令 $X_1, X_2, \cdots, X_n$ 为在 $[-d, d]$ $(0 < d < \infty)$ 取值的随机变量，且对任意 i，假设 $\mathbf{E}(X_i) = 0$。令 $S_n = \sum_{i=1}^{n} X_i$。从而，对所有 $\nu \in [0, \sqrt{\mathbf{Var}(S_n)}/d]$，有

$$\Pr(S_n \geqslant \nu \cdot \sqrt{\mathbf{Var}(S_n)}) \leqslant \exp(-\nu^2/4).$$

在分析当中，经常需要保证一些事件概率的一致收敛性。Vapnik-Chervonenkis 定理（VC 定理[125]）是证明概率一致收敛性的经典工具之一。考虑概率空间 $(\Omega, \mathfrak{F}, \mathbf{P})$，其中 Ω 为样本空间，$\mathfrak{F}$ 为事件域，Pr 为概率。令 $\mathfrak{S}$ 为 $\mathfrak{F}$ 的一个子集。一个有限集 $\mathcal{S} \subseteq \Omega$ 被 $\mathfrak{S}$ 打碎（Shattered），如果对于每个 $\mathcal{S}$ 的子集 $\mathcal{B}$，存在一个集合（事件）$\mathcal{A} \in \mathfrak{S}$，使得 $\mathcal{A} \cap \mathcal{S} = \mathcal{B}$。$\mathfrak{S}$ 的 VC 维数，记为 VC$-$d$(\mathfrak{S})$，是 d，如果可被 $\mathfrak{S}$ 打碎的势最大的集合 $\mathcal{S}$ 有 $|\mathcal{S}| = d$。对于有限 VC 维数的集合，有弱大数定律的一致收敛性。

引理 4.2　VC 定理

若 $\mathfrak{S}$ 的 VC 维数有限，则对于一个事件 $\mathcal{A} \in \mathfrak{S}$，定义一个 I. I. D. 随机变量的序列：$\{I_i(\mathcal{A}) \mid i = 1, 2, \cdots, N\}$，其中如果 $\mathcal{A}$ 发生则 $I_i(\mathcal{A}) = 1$，否则，$I_i(\mathcal{A}) = 0$。从而有

$$\Pr\left\{\sup_{\mathcal{A}\in\mathfrak{S}}\left|\frac{\sum_{i=1}^{N}I_i(\mathcal{A})}{N}-\mathbf{P}(\mathcal{A})\right|\leqslant\epsilon\right\}>1-\nu,$$

其中，$N>\max\left\{\frac{8\cdot\mathrm{VC}-\mathrm{d}(\mathfrak{S})}{\epsilon}\cdot\log\frac{13}{\epsilon},\ \frac{4}{\epsilon}\cdot\log\frac{2}{\nu}\right\}$.

4.4.2 随机移动相关结论

首先介绍两个关键的概念：首次相遇时间(First Hitting Time)和首次返回时间(First Return Time)[126]。令 $X(t)$ 表示一个状态集为 $\mathcal{S}_X$ 的稳态分布 $\mathfrak{X}$ 的马尔科夫链。

定义 4.1　首次相遇时间

定义状态集合 $\mathcal{A}\subseteq\mathcal{S}_X$ 的首次相遇时间为

$$\tau_H(\mathcal{A})=\inf\{t\geqslant 0\colon X(t)\in\mathcal{A}\}$$

定义状态集合 $\mathcal{A}\subseteq\mathcal{S}_X$ 的首次返回时间为

$$\tau_R(\mathcal{A})=\inf\{t\geqslant 1\colon X(t)\in\mathcal{A},\ X(0)\in\mathcal{A}\}$$

其中，$X(0)$ 服从 $\mathfrak{X}$ 分布。

考虑一个 d 维的环(Torus)，记作 $\mathbb{T}_k^d$，其可描述为一个 d 维整数向量($\mathbf{i}=(i_1, i_2, \cdots, i_d)$modulo k)的集合，通常来讲，可以看做一个由 k^d 个顶点组成的 $2d$ - regular 图。针对 $\mathbb{T}_k^d$ 中的单个状态考虑首次相遇时间和首次返回时间。

引理 4.3　首次相遇和返回时间

记 d 维的环 $\mathbb{T}_k^d$ 中单个状态的首次相遇时间和首次返回时间为 τ_H 和 τ_R，则以高概率有

$$\mathbf{E}(\tau_H)=\Theta(\kappa^d\log\kappa^d),\ \mathbf{E}(\tau_R)=\Theta(\kappa^d).$$

HRWMM 和 DRDMM 都是基于 2 维的环，以 $\mathbb{L}(\mathfrak{a}, \mathfrak{c})$ 来表示。一个

$\mathbb{L}(\mathfrak{a},\mathfrak{c})$ 能够被转换为一个 $\mathbb{T}_k^d$，其中，$d=2$ 且 $k=\sqrt{\frac{\mathfrak{a}}{\mathfrak{c}}}$。从而，我们有针对 $\mathbb{L}(\mathfrak{a},\mathfrak{c})$ 的首次相遇时间和首次返回时间。

引理 4.4　环中的首次相遇和返回时间

对于格子环(Torus Lattice) $\mathbb{L}(\mathfrak{a},\mathfrak{c})$，则以高概率有

$$\mathbf{E}(\tau_H)=\Theta\left(\frac{\mathfrak{a}}{\mathfrak{c}}\cdot(\log\mathfrak{a}-\log\mathfrak{c})\right),\ \mathbf{E}(\tau_R)=\Theta\left(\frac{\mathfrak{a}}{\mathfrak{c}}\right).$$

下面介绍另外一个概念：首次离开时间(First Exiting Time)。令 $\mathcal{U}(x,r)$ 表示与点 x 距离小于 r 的点的集合。

定义 4.2　首次离开时间

对任意点 i，$\mathcal{U}(i^0,r)$ 的首次离开时间(记为 $\tau_E(r)$)定义为

$$\tau_E(r)=\inf\{t\geqslant 0:\ i^t\notin\mathcal{U}(i^0,r)\}.$$

下面介绍联系时间(Contact Time)。

定义 4.3　联系时间

对任意两个点，i 和 j，联系时间 $\tau_C(r)$ 的定义为

$$\tau_C(r)=\inf\{t>0:\ j^t\notin\mathcal{U}(i^t,r),\ j^0\in\mathcal{U}(i^0,r)\}.$$

关于联系时间和首次离开时间，我们有

引理 4.5　联系时间和首次离开时间

在 HRWMM 和 DRDMM 下，以高概率有

$$\mathbf{E}(\tau_C(r))=\Theta(\mathbf{E}(\tau_E(r))).$$

4.5　自适应速率模型下的通信策略

在给定的通信策略 **S** 下，主要参数是关键距离 $\mathfrak{l}_{\mathbf{S}}$。根据特定的移动模

型和关键距离，可以定义两个点的联系时间段（Contact Interval）为它们距离保持在 $\mathfrak{l}_S$ 之内的时间；定义等待时间为一个点等待另一次传输机会的时间。传输策略是基于格子的。在策略 **S** 下，令两个点在 $\mathbb{L}(n, (\mathfrak{l}_S)^2)$ 中的同一个格子中才可以直接通信。

4.5.1 经典两跳机制

两跳转发机制由 Grossglauser 和 Tse[94] 首次提出。在该机制下，对每个会话 k 的数据包 z，其完整的转发路径为 $\mathcal{P}_{k,z} = \{1_{k,z}^{t_1}, 2_{k,z}^{t_2}\}$。两跳机制一般来讲可分为三个阶段（图 4－6）：

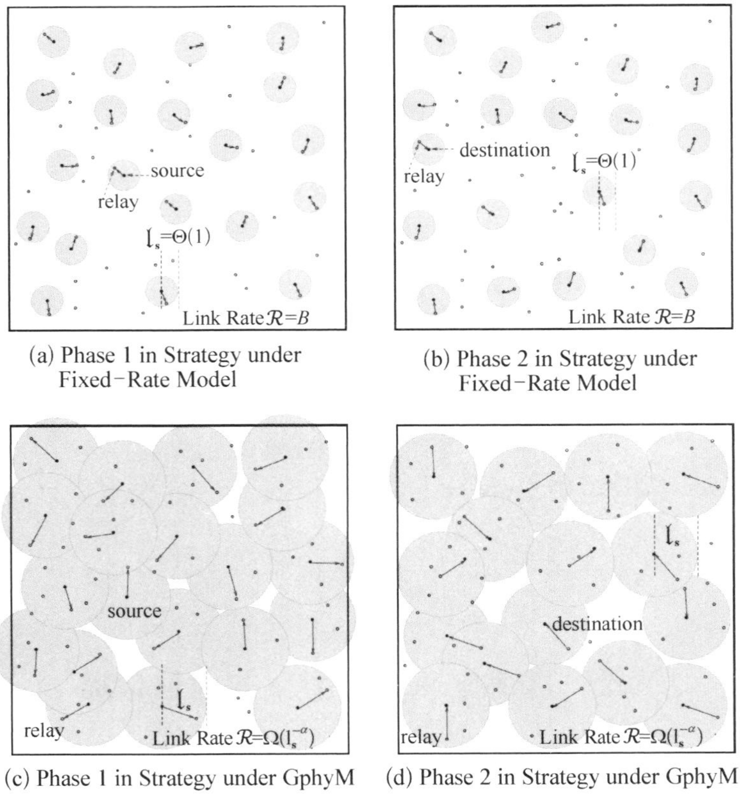

(a) Phase 1 in Strategy under Fixed-Rate Model

(b) Phase 2 in Strategy under Fixed-Rate Model

(c) Phase 1 in Strategy under GphyM

(d) Phase 2 in Strategy under GphyM

图 4－6　两跳转发机制

1) $S \to R$ 阶段(源点到转发点阶段)-源节点 $\mathbf{t}_{1,k,z}$ 将数据包 z 传到中继点 $\mathbf{r}_{1,k,z}$ 即 $\mathbf{t}_{2,k,z}$ 上。

2) 等待阶段- $\mathbf{r}_{1,k,z}$ 保存着数据包 z 直到遇到 $\mathbf{r}_{2,k,z}$(距离相隔 l_S 之内)。

3) $R \to D$ 阶段(转发点到目的点阶段)- $\mathbf{r}_{1,k,z}$ 将数据包 z 传到 $\mathbf{r}_{2,k,z}$ 上。

这里,$S \to R$ 阶段和 $R \to D$ 阶段的时间是与参数为 l_S 的联系时间(定义 4.3)同阶,称之为联系时间段;等待阶段的时间可基于首次相遇时间(定义 4.1)导出,称之为等待时间段。如图 4－7 所示。

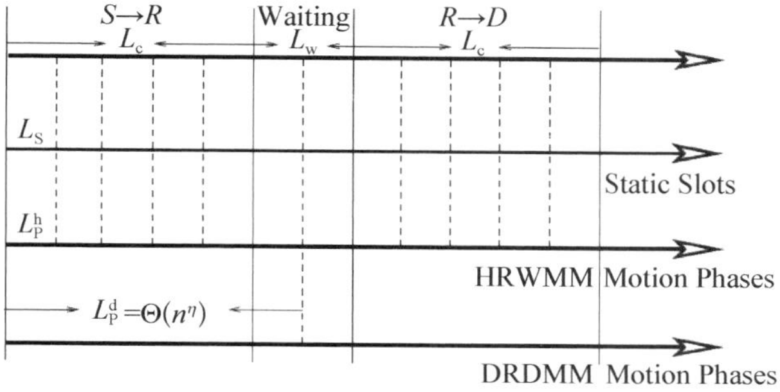

图 4－7　两跳转发机制的分解

4.5.2　移动网络相关属性

下面介绍一些依赖于给定策略 **S** 的参数关键距离 l_S 结论。

(1) 扩展 MANET 的空间复用

针对一个关键距离为 $l_S = \Theta(1)$ 的通信策略,物理模型或者协议模型在现实性方面与一般物理模型的效果是一样的。由于要保证连通性,在静态随机自组织网络中,不能设置 $l_S = \Theta(1)$;而在移动自组织网络当中,节点的移动性使得关键距离为 $l_S = \Theta(1)$ 的通信策略的路由机制可行(满足连通性)。

基于网格(或环) $\mathbb{L}(n, c(n))$ 做分析,其中 $c(n) > 2$。记第 $i+1$ 行、第 $j+1$ 列的格子为 $C_{i,j}$,并记其中的节点数目为 $n_{i,j}$。进而定义一个格子集合的序列。对 $h=0, 1, \cdots, \mu$, $v=0, 1, \cdots, \mu$, 且 $0 \leqslant i, j \leqslant \sqrt{n/\mathfrak{c}(n)}-1$, 定义一个格子的集合为

$$\mathcal{C}_{h,v}(\mu) := \{C_{i,j} \mid i \ \mathbf{mod}(\mu+1)=h, \ j \ \mathbf{mod}(\mu+1)=v\},$$

其中, $\mu \geqslant 1$ 是一个整数,则

$$|\mathcal{C}_{h,v}(\mu)| = \frac{1}{(\mu+1)^2} \cdot \frac{n}{\mathfrak{c}(n)},$$

其中 $|\cdot|$ 表示一个离散集合的势。

引理 4.6　稳态遍历模型中节点的分组

在任意稳态遍历移动模型下,在任意时刻 t, 有

1) 当 $\mathfrak{c}(n)=O(\log n)$ 时,将 $\mathcal{C}_{h,v}(\mu)$ 中包含两个点以上的格子数量记为随机变量 ξ, 则存在一个常数 $\theta_1>0$ 使得以高概率有 $\xi \geqslant \theta_1 \cdot \dfrac{n}{\mathfrak{c}(n)}$。

2) 当 $\mathfrak{c}(n)=\Omega(\log n)$ 时,对 $\mathbb{L}(n, \mathfrak{c}(n))$ 中的所有格子,节点数量以高概率为 $\Theta(\mathfrak{c}(n))$。下面给出移动扩展自组织网的空间复用的相关结论。

引理 4.7　一般物理模型下的链接速率

在一般物理模型 $\mathfrak{S}_{\text{gau}}(\alpha)$ 下,当 $\mathfrak{l}_{\mathbf{S}}=\Omega(1)$ 时,存在一个策略 **S**, 通过其调度机制 $\mathcal{S}^t$, 使得

1) $|\mathcal{S}^t| \geqslant \kappa_0$, 其中 $\kappa_0>0$ 是一个常数。

2) 对任意链接 $i^t \in \mathcal{S}^t$, 有 $R_i^t=\Omega((\mathfrak{l}_{\mathbf{S}})^{-\alpha})$。

下面给出移动扩展自组织网的一个空间复用的结论。

引理 4.8　链接总速率

在任意静态时间片中,在策略 **S** 下,系统总的吞吐量阶为 $\Omega(n \cdot (\mathfrak{l}_{\mathbf{S}})^{-\alpha})$。

(2) 联系时间段

给出在 HRWMM 和 DRDMM 下,给定策略 **S** 的联系时间段的长度,

分别记为 $\tau_C^{\mathrm{h}}(\mathfrak{l}_{\mathrm{S}})$ 和 $\tau_C^{\mathrm{d}}(\mathfrak{l}_{\mathrm{S}})$。

引理 4.9　HRWMM 下的联系时间段长度

对 HRWMM 下的策略 **S**，$\mathbf{E}(\tau_C^{\mathrm{h}}(\mathfrak{l}_{\mathrm{S}}))$ 的阶为

$$
\begin{cases}
\Omega\left(\dfrac{(\mathfrak{l}_{\mathrm{S}})^2}{\log n \cdot n^{\gamma}}\right) & \text{when} \quad \mathfrak{l}_{\mathrm{S}}:\left[n^{\frac{\gamma}{2}} \cdot \sqrt{\log n},\ \sqrt{n}\right] \\
\Omega(1) & \text{when} \quad \mathfrak{l}_{\mathrm{S}}:\left[1,\ n^{\frac{\gamma}{2}} \cdot \sqrt{\log n}\right].
\end{cases}
$$

引理 4.10　DRDMM 下的联系时间段长度

对 DRDMM 下的策略 **S**，$\mathbf{E}(\tau_C^{\mathrm{d}}(\mathfrak{l}_{\mathrm{S}}))$ 的阶为

$$
\begin{cases}
\Omega\left(\dfrac{(\mathfrak{l}_{\mathrm{S}})^2}{\log n \cdot n^{\frac{\delta}{2}}}\right) & \text{when} \quad \mathfrak{l}_{\mathrm{S}}:\left[n^{\frac{\delta}{2}} \cdot \sqrt{\log n},\ \sqrt{n}\right] \\
\Omega(n^{\frac{\delta}{2}}) & \text{when} \quad \mathfrak{l}_{\mathrm{S}}:\left[n^{\frac{\delta}{2}},\ n^{\frac{\delta}{2}} \cdot \sqrt{\log n}\right] \cap \left[1,\ \sqrt{n}\right] \\
\Omega(\mathfrak{l}_{\mathrm{S}}) & \text{when} \quad \mathfrak{l}_{\mathrm{S}}:\left[1,\ n^{\frac{\delta}{2}}\right].
\end{cases}
$$

(3) 等待时间段

给出在 HRWMM 和 DRDMM 下，给定策略 **S** 的等待时间段的长度，分别记为 $\tau_W^{\mathrm{h}}(\mathfrak{l}_{\mathrm{S}})$ 和 $\tau_W^{\mathrm{d}}(\mathfrak{l}_{\mathrm{S}})$。

引理 4.11　HRWMM 下的等待时间段长度

对 HRWMM 下的策略 **S**，$\mathbf{E}(\tau_W^{\mathrm{h}}(\mathfrak{l}_{\mathrm{S}}))$ 的阶为

$$
\begin{cases}
\Omega\left(\dfrac{n^{1-\gamma}}{\log n}\right) & \text{when} \quad \mathfrak{l}_{\mathrm{S}}:\left[1,\ \sqrt{n}\right) \\
\Theta\left(\dfrac{n}{(\mathfrak{l}_{\mathrm{S}})^2} + \dfrac{\log n}{n^{\gamma-1}}\right) & \text{when} \quad \mathfrak{l}_{\mathrm{S}}:\left[1,\ \sqrt{n}\right) \cap \left[1,\ n^{\frac{\gamma}{2}}\right] \\
\Theta(1) & \text{when} \quad \mathfrak{l}_{\mathrm{S}} = \Theta(\sqrt{n}).
\end{cases}
$$

引理 4.12 DRDMM 下的等待时间段长度

对 DRDMM 下的策略 **S**, $\mathbf{E}(\tau_W^{\mathrm{d}}(\mathfrak{l}_{\mathbf{S}}))$ 的阶为

$$\begin{cases} \Omega\left(\dfrac{n^{1-\frac{\delta}{2}}}{\log n}\right) & \text{when} \quad \mathfrak{l}_{\mathbf{S}}: [1, \sqrt{n}) \\ \Theta\left(n^{1-\frac{\delta}{2}}\log n + \dfrac{n}{\mathfrak{l}_{\mathbf{S}}}\right) & \text{when} \quad \mathfrak{l}_{\mathbf{S}}: [1, \sqrt{n}) \cap [1, n^{\frac{\delta}{2}}] \\ \Theta(1) & \text{when} \quad \mathfrak{l}_{\mathbf{S}} = \Theta(\sqrt{n}). \end{cases}$$

4.6 自适应速率模型下的容量和延迟分析

为了可与相关文献的结果相比较，下面将遵循一般的假设，即共有 $K=n$ 个会话。下面的定理中将直接引入一些正常数，而不给出它们的具体取值，因为只考虑结果的阶。这些常数包括 c_i^{h}, c_i^{d}, υ_i^{h}, υ_i^{d}, τ_i^{h}, τ_i^{d}，其中 $i \geqslant 1$。

4.6.1 HRWMM 下容量和延迟分析

定理 4.1 HRWMM 下的吞吐量和延迟

在一般物理模型 $\mathfrak{S}_{\mathrm{gau}}(\alpha)$ 下，在关键距离为 $\mathfrak{l}_{\mathbf{S}}$ 的两跳策略 **S** 下，网络的吞吐量 $\lambda^{\mathrm{h}}(\mathbf{S}, n)$ 可达

$$\begin{cases} \Omega\left(\dfrac{\log n \cdot n^{\gamma}}{(\mathfrak{l}_{\mathbf{S}})^2}\right) & \text{when} \quad \mathfrak{l}_{\mathbf{S}}: [n^{\frac{\gamma}{2}} \cdot \sqrt{\log n}, \sqrt{n}] \\ \Theta(1) & \text{when} \quad \mathfrak{l}_{\mathbf{S}}: [1, n^{\frac{\gamma}{2}} \cdot \sqrt{\log n}] \cap [1, \sqrt{n}] \end{cases}$$

平均延迟 $\mathbf{E}(D^{\mathrm{h}}(\mathbf{S}, n))$ 可达

$$\begin{cases} \Theta\left(\dfrac{n}{(\mathfrak{l}_S)^2}+\dfrac{\log n}{n^{\gamma-1}}\right) & \text{when } \ \mathfrak{l}_S:[1,n^{\frac{\gamma}{2}}]\cap[1,\sqrt{n}) \\ \text{下界 } \Omega\left(\dfrac{n^{1-\gamma}}{\log n}\right) & \text{when } \ \mathfrak{l}_S:[n^{\frac{\gamma}{2}},\sqrt{n}) \\ \text{上界 } O\left(\dfrac{n^{1-\gamma}}{\log n}+1\right) & \text{when } \ \mathfrak{l}_S=\Theta(\sqrt{n}). \end{cases}$$

(1) HRWMM 下的吞吐量分析

通过引理 4.9，当 $c_1^h \cdot n^{\gamma/2} \cdot \sqrt{\log n} \leqslant \mathfrak{l}_S \leqslant c_2^h \cdot \sqrt{n}$ 时，我们设 $S \to R$ 阶段和 $R \to D$ 阶段的长度为 $\tau_1^h \cdot \dfrac{(\mathfrak{l}_S)^2}{\log n \cdot n^\gamma}$；当 $c_3^h \leqslant \mathfrak{l}_S \leqslant c_1^h \cdot n^{\gamma/2} \cdot \sqrt{\log n}$ 时，我们设 $S \to R$ 阶段和 $R \to D$ 阶段的长度为 $\tau_1^h \cdot (c_1^h)^2$。

1) 当 $c_1^h \cdot n^{\gamma/2} \cdot \sqrt{\log n} \leqslant \mathfrak{l}_S \leqslant c_2^h \cdot \sqrt{n}$ 时，

根据引理 4.8，存在一个常数 $\upsilon_1^h > 0$，使得平均吞吐量满足

$$\begin{aligned} \lambda^h(\mathbf{S}, n) \geqslant & \frac{\log n \cdot n^\gamma}{\tau_1^h (\mathfrak{l}_S)^2} \int_{c_1^h \cdot n^{\frac{\gamma}{2}} \cdot \sqrt{\log n}}^{\mathfrak{l}_S} \upsilon_1^h \cdot x^{-\alpha} d\, \frac{\tau_1^h \cdot x^2}{\log n \cdot n^\gamma} \\ & + \tau_2^h \cdot \upsilon_1^h \cdot (c_3^h)^{-\alpha} \cdot \frac{\log n \cdot n^\gamma}{\tau_1^h \cdot (\mathfrak{l}_S)^2} \\ = & \frac{2\upsilon_1^h}{(\alpha-2)\cdot(\mathfrak{l}_S)^2} \times \left(\frac{1}{(c_1^h)^{\alpha-2} \cdot n^{(\alpha-2)\frac{\gamma}{2}} \cdot (\log n)^{\frac{\alpha}{2}-1}} - \frac{1}{(\mathfrak{l}_S)^{\alpha-2}}\right) \\ & + \frac{\tau_2^h \cdot \upsilon_1^h \cdot (c_3^h)^{-\alpha}}{\tau_1^h} \cdot \frac{\log n \cdot n^\gamma}{(\mathfrak{l}_S)^2} \\ = & c_4^h \cdot \frac{1}{n^{(\alpha-2)\frac{\gamma}{2}} \cdot (\log n)^{\frac{\alpha}{2}-1} \cdot (\mathfrak{l}_S)^2} + c_5^h \cdot \frac{\log n \cdot n^\gamma}{(\mathfrak{l}_S)^2} - c_6^h \cdot \frac{1}{(\mathfrak{l}_S)^\alpha} \end{aligned}$$

其中，$\tau_2^h \leqslant \tau_1^h \cdot (c_1^h)^2$，$c_4^h = \dfrac{2\upsilon_1^h}{(\alpha-2)\cdot(c_1^h)^{\alpha-2}}$，$c_5^h = \dfrac{\tau_2^h \cdot \upsilon_1^h \cdot (c_3^h)^{-\alpha}}{\tau_1^h}$，and $c_6^h = \dfrac{2\upsilon_1^h}{\alpha-2}$

因为 $\alpha > 2$，从而存在一个常数 $c_7^{\mathrm{h}} < c_5^{\mathrm{h}}$，使得 $\lambda^{\mathrm{h}}(\mathbf{S}, n) \geqslant c_7^{\mathrm{h}} \cdot \frac{\log n \cdot n^{\gamma}}{(\mathfrak{l}_{\mathbf{S}})^2}$。因此有 $\lambda^{\mathrm{h}}(\mathbf{S}, n) = \Omega\left(\frac{\log n \cdot n^{\gamma}}{(\mathfrak{l}_{\mathbf{S}})^2}\right)$。

2）当 $c_3^{\mathrm{h}} \leqslant \mathfrak{l}_{\mathbf{S}} \leqslant c_1^{\mathrm{h}} \cdot n^{\gamma/2} \cdot \sqrt{\log n}$ 时，

对于这种情况，存在一个常数 $\upsilon_2^{\mathrm{h}} > 0$，使得平均吞吐量满足 $\lambda^{\mathrm{h}}(\mathbf{S}, n) \geqslant \upsilon_2^{\mathrm{h}} \cdot \frac{\tau_2^{\mathrm{h}} \cdot (c_3^{\mathrm{h}})^{-\alpha}}{\tau_1^{\mathrm{h}} (c_1^{\mathrm{h}})^2}$。因此，$\lambda^{\mathrm{h}}(\mathbf{S}, n) = \Omega(1)$。在任意的非协作的通信策略 $\mathbf{S}$ 下，一定有 $\lambda^{\mathrm{h}}(\mathbf{S}, n) = O(1)$。所以，我们有 $\lambda^{\mathrm{h}}(\mathbf{S}, n) = \Theta(1)$。

（2）HRWMM 下的延迟分析

为描述简便，以 $\mathbf{E}(D^{\mathrm{h}})$ 代表 $\mathbf{E}(D^{\mathrm{h}}(\mathbf{S}, n))$。根据引理 4.11，有以下结论：

- 当 $\mathfrak{l}_{\mathbf{S}}$：$[1, n^{\gamma/2}] \cap [1, \sqrt{n})$ 时，有

$$\mathbf{E}(D^{\mathrm{h}}) = \Theta\left(\frac{n}{(\mathfrak{l}_{\mathbf{S}})^2} + n^{1-\gamma}\log n\right).$$

- 当 $\mathfrak{l}_{\mathbf{S}}$：$[n^{\gamma/2}, n^{\gamma/2} \cdot \sqrt{\log n}] \cap [1, \sqrt{n})$ 时，有

$$\mathbf{E}(D^{\mathrm{h}}) = \Omega\left(\frac{n^{1-\gamma}}{\log n}\right).$$

- 当 $\mathfrak{l}_{\mathbf{S}}$：$[n^{\frac{\gamma}{2}} \cdot \sqrt{\log n}, \sqrt{n})$ 时，有

$$\mathbf{E}(D^{\mathrm{h}}) = \Omega\left(\frac{n^{1-\gamma}}{\log n}\right) + O\left(\frac{(\mathfrak{l}_{\mathbf{S}})^2}{\log n \cdot n^{\gamma}}\right).$$

- 当 $\mathfrak{l}_{\mathbf{S}} = \Theta(\sqrt{n})$ 时，有

$$\mathbf{E}(D^{\mathrm{h}}) = \Theta(1) + O\left(\frac{n}{\log n \cdot n^{\gamma}}\right).$$

从而有，$\mathbf{E}(D^{\mathrm{h}}) = O\left(\frac{n^{1-\gamma}}{\log n} + 1\right)$。

4.6.2　DRDWW 下容量和延迟分析

定理 4.2　DRDMM 下的吞吐量和延迟

在一般物理模型 $\mathfrak{S}_{gau}(\alpha)$ 下，在关键距离为 $\mathfrak{l}_{\mathbf{S}}$ 的两跳策略 **S** 下，网络的吞吐量 $\lambda^{d}(\mathbf{S}, n)$ 可达

$$\begin{cases} \Omega\left(\dfrac{\log n \cdot n^{\frac{\delta}{2}}}{(\mathfrak{l}_{\mathbf{S}})^{2}}\right) & \text{when} \quad \mathfrak{l}_{\mathbf{S}}:\left[n^{\frac{\delta}{2}} \cdot \sqrt{\log n}, \sqrt{n}\right] \\ \Omega\left(\dfrac{1}{n^{\frac{\delta}{2}}}\right) & \text{when} \quad \mathfrak{l}_{\mathbf{S}}:\left[n^{\frac{\delta}{2}}, n^{\frac{\delta}{2}} \cdot \sqrt{\log n}\right] \cap \left[1, \sqrt{n}\right] \\ \Omega\left(\dfrac{1}{\mathfrak{l}_{\mathbf{S}}}\right) & \text{when} \quad \mathfrak{l}_{\mathbf{S}}:\left[1, n^{\frac{\delta}{2}}\right]. \end{cases}$$

网络的平均延迟 $\mathbf{E}(D^{d}(\mathbf{S}, n))$ 可达

$$\begin{cases} \Theta\left(\dfrac{n}{(\mathfrak{l}_{\mathbf{S}})^{2}} + \dfrac{\log n}{n^{\frac{\delta}{2}-1}}\right) & \text{when} \quad \mathfrak{l}_{\mathbf{S}}:\left[1, n^{\frac{\delta}{2}}\right] \cap \left[1, \sqrt{n}\right) \\ \text{下界 } \Omega\left(\dfrac{n^{1-\frac{\delta}{2}}}{\log n}\right) & \text{when} \quad \mathfrak{l}_{\mathbf{S}}:\left[n^{\frac{\delta}{2}}, \sqrt{n}\right) \\ \text{上界 } O\left(\dfrac{n^{1-\frac{\delta}{2}}}{\log n}\right) & \text{when} \quad \mathfrak{l}_{\mathbf{S}} = \Theta(\sqrt{n}). \end{cases}$$

(1) DRDMM 下的吞吐量分析

通过引理 4.10，当 $c_1^{d} \cdot n^{\delta/2} \cdot \sqrt{\log n} \leqslant \mathfrak{l}_{\mathbf{S}} \leqslant c_2^{d} \cdot \sqrt{n}$ 时，设 $S \to R$ 阶段和 $R \to D$ 阶段的长度为 $\tau_1^{d} \cdot \dfrac{(\mathfrak{l}_{\mathbf{S}})^{2}}{\log n \cdot n^{\delta/2}}$；当 $c_3^{d} \leqslant \mathfrak{l}_{\mathbf{S}} \leqslant c_1^{d} \cdot n^{\delta/2} \cdot \sqrt{\log n}$ 时，设 $S \to R$ 阶段和 $R \to D$ 阶段的长度为 $\tau_1^{d} \cdot (c_1^{d})^{2} \cdot n^{\delta/2}$；当 $c_4^{d} \leqslant \mathfrak{l}_{\mathbf{S}} \leqslant c_3^{d} \cdot n^{\delta/2}$ 时，设 $S \to R$ 阶段和 $R \to D$ 阶段的长度为 $\dfrac{\tau_1^{d} \cdot (c_1^{d})^{2}}{c_3^{d}} \cdot \mathfrak{l}_{\mathbf{S}}$。

1）当 $c_1^{\mathrm{d}} \cdot n^{\delta/2} \cdot \sqrt{\log n} \leqslant \mathfrak{l}_{\mathrm{S}} \leqslant c_2^{\mathrm{d}} \cdot \sqrt{n}$ 时，

根据引理 4.8，存在一个常数 $\upsilon_1^{\mathrm{d}} > 0$ 使得平均吞吐量满足

$$
\begin{aligned}
\lambda^{\mathrm{d}}(\mathbf{S}, n) \geqslant & \frac{\log n \cdot n^{\frac{\delta}{2}}}{\tau_1^{\mathrm{d}}\ (\mathfrak{l}_{\mathrm{S}})^2} \int_{c_1^{\mathrm{d}} \cdot n^{\frac{\delta}{2}} \cdot \sqrt{\log n}}^{\mathfrak{l}_{\mathrm{S}}} \upsilon_1^{\mathrm{d}} \cdot x^{-\alpha} \mathrm{d} \frac{\tau_1^{\mathrm{d}} \cdot x^2}{\log n \cdot n^{\frac{\delta}{2}}} \\
& + \tau_2^{\mathrm{d}} \cdot n^{\frac{\delta}{2}} \cdot \upsilon_1^{\mathrm{d}} \cdot (c_3^{\mathrm{d}} \cdot n^{\frac{\delta}{2}})^{-\alpha} \cdot \frac{\log n \cdot n^{\frac{\delta}{2}}}{\tau_1^{\mathrm{d}} \cdot (\mathfrak{l}_{\mathrm{S}})^2} \\
& + \frac{\log n \cdot n^{\frac{\delta}{2}}}{\tau_1^{\mathrm{d}} \cdot (\mathfrak{l}_{\mathrm{S}})^2} \int_{c_4^{\mathrm{d}}}^{c_3^{\mathrm{d}} \cdot n^{\frac{\delta}{2}}} \upsilon_1^{\mathrm{d}} \cdot x^{-\alpha} \mathrm{d} \frac{\tau_1^{\mathrm{d}} \cdot (c_1^{\mathrm{d}})^2 \cdot x}{c_3^{\mathrm{d}}} \\
= & \frac{2\upsilon_1^{\mathrm{d}}}{(\alpha - 2) \cdot (\mathfrak{l}_{\mathrm{S}})^2} \times \left(\frac{1}{(c_1^{\mathrm{d}})^{\alpha-2} \cdot n^{(\alpha-2)\frac{\delta}{2}} \cdot (\log n)^{\frac{\alpha}{2}-1}} - \frac{1}{(\mathfrak{l}_{\mathrm{S}})^{\alpha-2}} \right) \\
& + \frac{\tau_2^{\mathrm{d}} \cdot \upsilon_1^{\mathrm{d}} \cdot (c_3^{\mathrm{d}})^{-\alpha}}{\tau_1^{\mathrm{d}}} \cdot \frac{\log n}{n^{(\alpha-2)\frac{\delta}{2}}} \cdot \frac{1}{(\mathfrak{l}_{\mathrm{S}})^2} + \frac{c_5^{\mathrm{d}} \cdot \log n \cdot n^{\frac{\delta}{2}}}{(\mathfrak{l}_{\mathrm{S}})^2} \\
& \times \left(\frac{1}{(c_4^{\mathrm{d}})^{\alpha-1}} - \frac{1}{(c_3^{\mathrm{d}})^{\alpha-1} \cdot n^{(\alpha-1)\frac{\delta}{2}}} \right) \\
= & c_6^{\mathrm{d}} \cdot \frac{1}{n^{(\alpha-2)\frac{\delta}{2}} \cdot (\log n)^{\frac{\alpha}{2}-1} \cdot (\mathfrak{l}_{\mathrm{S}})^2} - \frac{2\upsilon_1^{\mathrm{d}}}{\alpha - 2} \cdot \frac{1}{(\mathfrak{l}_{\mathrm{S}})^{\alpha}} \\
& + c_7^{\mathrm{d}} \cdot \frac{\log n}{n^{(\alpha-2)\frac{\delta}{2}}} \cdot \frac{1}{(\mathfrak{l}_{\mathrm{S}})^2} + \frac{c_5^{\mathrm{d}}}{(c_4^{\mathrm{d}})^{\alpha-1}} \cdot \frac{\log n \cdot n^{\frac{\delta}{2}}}{(\mathfrak{l}_{\mathrm{S}})^2} \\
& - \frac{c_5^{\mathrm{d}}}{(c_3^{\mathrm{d}})^{\alpha-1}} \cdot \frac{\log n}{(\mathfrak{l}_{\mathrm{S}})^2 \cdot n^{(\alpha-2)\frac{\delta}{2}}}
\end{aligned}
$$

其中，$\tau_2^{\mathrm{d}} \leqslant \tau_1^{\mathrm{d}} \cdot (c_1^{\mathrm{d}})^2$，$c_5^{\mathrm{d}} = \dfrac{\upsilon_1^{\mathrm{d}} \cdot (c_1^{\mathrm{d}})^2}{(\alpha - 1) \cdot c_3^{\mathrm{d}}}$，$c_6^{\mathrm{d}} = \dfrac{2\,\upsilon_1^{\mathrm{d}}}{(\alpha - 2) \cdot (c_1^{\mathrm{d}})^{\alpha-2}}$，和 $c_7^{\mathrm{d}} = \dfrac{\tau_2^{\mathrm{d}} \cdot \upsilon_1^{\mathrm{d}} \cdot (c_3^{\mathrm{d}})^{-\alpha}}{\tau_1^{\mathrm{d}}}$。

2）当 $c_3^{\mathrm{d}} \leqslant \mathfrak{l}_{\mathrm{S}} \leqslant c_1^{\mathrm{d}} \cdot n^{\delta/2} \cdot \sqrt{\log n}$ 时，

根据引理 4.8，存在一个常数 $\upsilon_2^{\mathrm{d}} > 0$ 使得平均吞吐量满足

$$\lambda^{d}(\mathbf{S}, n) \geqslant \frac{1}{\tau_1^d \cdot (c_1^d)^2 \cdot n^{\frac{\delta}{2}}} \cdot \tau_2^d \cdot n^{\frac{\delta}{2}} \cdot \upsilon_2^d \cdot (c_3^d \cdot n^{\frac{\delta}{2}})^{-\alpha}$$

$$+ \frac{1}{\tau_1^d \cdot (c_1^d)^2 \cdot n^{\frac{\delta}{2}}} \int_{c_4^d}^{c_3^d \cdot n^{\frac{\delta}{2}}} \upsilon_2^d \cdot x^{-\alpha} \mathrm{d} \frac{\tau_1^d \cdot (c_1^d)^2 \cdot x}{c_3^d}$$

$$= c_9^d \cdot \frac{1}{n^{\alpha\frac{\delta}{2}}} + \frac{c_{10}^d}{n^{\frac{\delta}{2}}} \cdot \left(\frac{1}{(c_4^d)^{\alpha-1}} - \frac{1}{(c_3^d)^{\alpha-1} n^{(\alpha-1)\frac{\delta}{2}}} \right)$$

其中，$c_9^d = \dfrac{\tau_2^d \cdot \upsilon_2^d \cdot (c_3^d)^{-\alpha}}{\tau_1^d \cdot (c_1^d)^2}$ and $c_{10}^d = \dfrac{\upsilon_2^d \cdot \tau_1^d \cdot (c_1^d)^2}{\tau_1^d \cdot (c_1^d)^2 \cdot c_3^d \cdot (\alpha - 1)}$。

3）当 $c_4^d \leqslant \mathfrak{l}_S \leqslant c_3^d \cdot n^{\delta/2}$ 时，

根据引理 4.8，存在一个常数 $\upsilon_3^d > 0$ 使得平均吞吐量满足

$$\lambda^{d}(\mathbf{S}, n) \geqslant \frac{c_3^d}{\tau_1^d \cdot (c_1^d)^2 \cdot \mathfrak{l}_S} \int_{c_4^d}^{\mathfrak{l}_S} \upsilon_3^d \cdot x^{-\alpha} \mathrm{d} \frac{\tau_1^d \cdot (c_1^d)^2 \cdot x}{c_3^d}$$

$$= \frac{1}{(\alpha-1) \cdot \mathfrak{l}_S} \cdot \left(\frac{1}{(c_4^d)^{\alpha-1}} - \frac{1}{(\mathfrak{l}_S)^{\alpha-1}} \right).$$

从而，存在一个常数 $c_{12}^d < \dfrac{1}{(\alpha-1)(c_4^d)^{\alpha-1}}$，使得 $\lambda^d(\mathbf{S}, n) \geqslant \dfrac{c_{12}^d}{\mathfrak{l}_S}$。因此，有 $\lambda^d(\mathbf{S}, n) = \Omega\left(\dfrac{1}{\mathfrak{l}_S}\right)$。

（2）HRWMM 下的延迟分析

为描述简便，以 $\mathbf{E}(D^d)$ 代表 $\mathbf{E}(D^d(\mathbf{S}, n))$。根据引理 4.12，有以下结论：

- 当 $\mathfrak{l}_S$：$[1, n^{\delta/2}] \cap [1, \sqrt{n})$ 时，有

$$\mathbf{E}(D^d) = \Theta\left(n^{1-\frac{\delta}{2}} \log n + \frac{n}{\mathfrak{l}_S}\right) + O(\mathfrak{l}_S).$$

- 当 $\mathfrak{l}_S$：$[n^{\delta/2}, n^{\delta/2} \cdot \sqrt{\log n}] \cap [1, \sqrt{n})$ 时，有

$$\mathbf{E}(D^{\mathrm{d}}) = \Omega\left(\frac{n^{1-\frac{\delta}{2}}}{\log n}\right).$$

● 当 $\mathfrak{l}_{\mathrm{S}}$：$[n^{\frac{\delta}{2}} \cdot \sqrt{\log n}, \sqrt{n})$ 时，有

$$\mathbf{E}(D^{\mathrm{d}}) = \Omega\left(\frac{n^{1-\frac{\delta}{2}}}{\log n}\right) + O\left[\frac{(\mathfrak{l}_{\mathrm{S}})^2}{\log n \cdot n^{\frac{\delta}{2}}}\right].$$

● 当 $\mathfrak{l}_{\mathrm{S}} = \Theta(\sqrt{n})$ 时，有

$$\mathbf{E}(D^{\mathrm{d}}) = \Theta(1) + O\left[\frac{n}{\log n \cdot n^{\frac{\delta}{2}}}\right].$$

从而有 $\mathbf{E}(D^{\mathrm{d}}) = O\left(\frac{n^{1-\frac{\delta}{2}}}{\log n}\right)$。

4.7 本章小结

本章主要针对移动自组织扩展网在一般物理模型下的渐近网络单播容量和延迟展开研究。几个重要的问题有待继续研究。

4.7.1 延迟-容量权衡的一般结果

本书只针对无冗余(Non-redundancy)的两跳机制的性能展开研究。下一步将引入带冗余的两跳策略，以及一般多跳机制，通过比较得出移动自组织网络的延迟-容量权衡的一般结果。

4.7.2 一般信息分发会话模式的性能基本限制

本书只针对单播会话得出相应的结果。下一步将对一般信息分发会话模型(定义见 2.4 节[86,99,115,116,127-131])展开研究，得出一般性的结果。

4.7.3　异构移动节点的网络基本限制

本章将网络模型限制在同构的情况。对于网络节点异构[90,107](包括节点分布密度不均匀[36,37],节点传输处理能力不同)等情况,针对更为一般的会话模式、在更为一般的通信模型下,网络的基本性质是有待进一步研究的问题。

第5章

混合无线网络的渐近性能分析

在无线自组织网络中，长距离的传输使得受到干扰的传输更多，同时由于传输能量的限制导致低链接速率，从而使得网络容量降低。多短跳路由机制[6]已被证明优于长距离传输机制。然而，多短跳路由机制中，数据到达目的点需要经过多次(跳)传输，这种增加传输数量的情况是限制无线网络容量的主要因素。针对这一问题，引入基站充当转发站点，从而减少无线传输数量以提高网络容量是常见的解决方法之一。本章主要研究静态随机混合网络的吞吐量，设定模型为 $\mathcal{N}_p^h(n, \lambda, m)$（定义请见 2.1.2 节）。对静态网络来讲，组播是具有一般性的会话模式。考虑一般化的组播会话，即信息分发会话 (n, n_d, n_d) − cast，其中，$1 \leqslant n_d \leqslant n-1$。当 $n_d = 1$ 和 $n_d = n-1$ 时，该一般化的组播会话将退化为单播和广播。分别考虑了混合扩展网(HEN)和混合密集网(HDN)。

本章提出了三类组播机制：① 混合机制，即由基站辅助的多跳机制；② 一般 ad hoc 机制，即不引入基站的单纯多跳机制；③ 传统的基站机制，即任意两点的通信都要由基站转发。根据不同的 m，n 和 n_d，从这三类机制中选择最优的，并推导出一般物理模型下的网络吞吐量。

5.1 相关结果

本章将依据所采用的通信模型来分类已有的工作。

5.1.1 固定速率通信模型下混合无线网容量

Liu 等[103]首先介绍了一种密集型的混合网络模型：基站被规则地部署，自组织节点随机分布。Kozat 和 Tassiulas[100]则考虑基站和自组织节点都是密集式随机分布的混合网络模型。Agarwal 等[82]考虑混合网络在物理模型下的单播容量。Mao 等[105]研究在混合网络中基站数量满足 $m = O(n/\log n)$ 在协议模型下的组播容量。

5.1.2 一般物理模型下混合无线网容量

Agarwal 和 Kumar[82]证明了针对混合无线网络，在一般物理模型下的

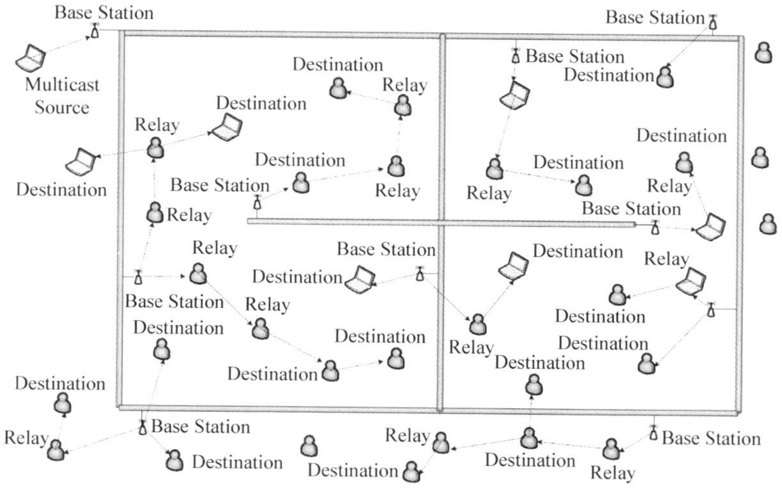

图 5-1　混合无线网应用示例

单播容量与固定速率模型下取得的容量界是相同的。Liu 等[104]研究混合扩展网络的可达单播吞吐量。他们证明了在一个二维方形部署区域中取得线性吞吐量的必要条件是 $m = \Omega(\sqrt{n})$。针对混合密集网络，Wang 等[119]给出了一个组播机制，该机制未引入经典的基于渗流的路由机制；对于一些情况，该机制在组播吞吐量方面的性能较差。

5.2 本书的主要结果

在本书中，针对混合扩展无线网(HEN)和混合密集无线网(HDN)，设计三种机制：混合机制(Hybrid Strategy)、一般 ad hoc 机制(Ordinary Ad hoc Stategy)和基站机制(BS-based Strategy)。如图 5-2 所示。

- 一般 ad hoc 机制不利用任何的基站，也就是说，假设没有基站的存在，而将混合网络看成单纯的自组织网络。
- 基站机制只允许收发点通过所在子区域的指定基站的转发来通信，而且不允许任何节点作为中继。
- 混合机制采用特定的路由和调度机制使收发点可以在对应的子区域内以一般 ad hoc 机制的形式与基站通信。

5.2.1 基于三种机制的最优策略

根据不同的 m，n 和 n_d 取值，从以上三种机制中选择最优策略，并推导出对应的网络吞吐量。

(1) 混合扩展网的最优策略

定理 5.1

结合三种机制，针对混合扩展网络的最优策略和吞吐量汇总如表 5-1。

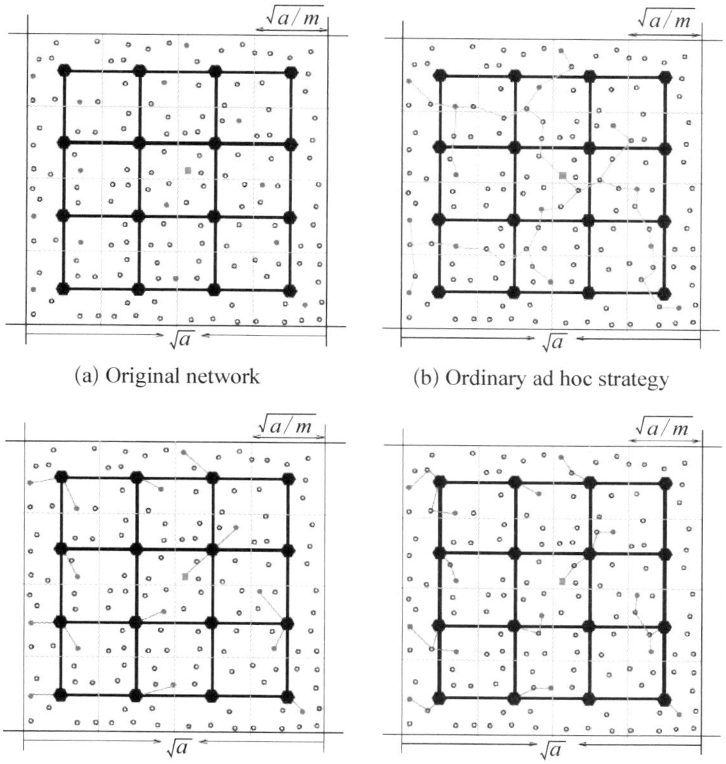

(a) Original network　(b) Ordinary ad hoc strategy

(c) BS-based strategy　(d) Hybrid routing strategy

图 5-2　三种路由机制，$a = n/\lambda$

表 5-1　针对 HEN 的最优策略和组播吞吐量

基站数量 m	m，n_d 和 n 的关系	最优策略	组播吞吐量
m: $\left[1, \frac{n}{\log n}\right]$	若 $\begin{cases} n_d: [1, n/(\log n)^{\alpha+1}] \\ m: [\sqrt{n n_d \cdot (\log n)^{\alpha}}, n/\log n] \end{cases}$	混合机制	$\Omega\left(\frac{m}{n \cdot n_d} \cdot (\log n)^{-\frac{\alpha}{2}}\right)$
	否则	一般 ad hoc 机制	定理 5.7
m: $\left[\frac{n}{\log n}, n\right]$	若 n_d: $[1, n/(\log n)^{\alpha+2}]$	基站机制	$\Omega\left(\frac{m}{n n_d} \cdot \left(\frac{n}{m}\right)^{-\frac{\alpha}{2}}\right)$

续　表

基站数量 m	m，n_d 和 n 的关系	最优策略	组播吞吐量
m：$\left[\frac{n}{\log n}, n\right]$	若 $\begin{cases} n_d：[n/(\log n)^{\alpha+2}, n/(\log n)^{\alpha+1}] \\ m：[(n^{\alpha+1} n_d)^{\frac{1}{\alpha+1}}, n] \end{cases}$	基站机制	$\Omega\left(\frac{m}{n n_d} \cdot \left(\frac{n}{m}\right)^{-\frac{\alpha}{2}}\right)$
	若 $\begin{cases} n_d：[n/(\log n)^{\alpha+1}, n/(\log n)^2] \\ m：[n \cdot (\log n)^{-\frac{\alpha+1}{\alpha+2}}, n] \end{cases}$	基站机制	$\Omega\left(\frac{m}{n n_d} \cdot \left(\frac{n}{m}\right)^{-\frac{\alpha}{2}}\right)$
	若 $\begin{cases} n_d：[n/(\log n)^2, n/\log n] \\ m：[(n^{\alpha+1} \cdot (\log n)^{1-\alpha} \cdot n_d)^{\frac{1}{\alpha+2}}, n] \end{cases}$	基站机制	$\Omega\left(\frac{m}{n n_d} \cdot \left(\frac{n}{m}\right)^{-\frac{\alpha}{2}}\right)$
	若 $\begin{cases} n_d：[n/\log n, m] \\ m：[n \cdot (\log n)^{-\frac{\alpha}{\alpha+2}}, n] \end{cases}$	基站机制	$\Omega\left(\frac{m}{n n_d} \cdot \left(\frac{n}{m}\right)^{-\frac{\alpha}{2}}\right)$
	若 $\begin{cases} n_d：[m, n] \\ m：\left[(n/n_d)^{\frac{2}{\alpha}} \cdot \frac{n}{\log n}, n\right] \end{cases}$	基站机制	$\Omega\left(\frac{1}{n} \cdot \left(\frac{n}{m}\right)^{-\frac{\alpha}{2}}\right)$
	否则	一般 ad hoc 机制	定理 5.7

(2) 混合密集网的最优策略

定理 5.2

结合三种机制，针对混合密集网络的最优策略和吞吐量汇总如表 5－2 所列。

表 5－2　针对 HEN 的最优策略和组播吞吐量

基站数量 m	m，n_d 和 n 的关系	最优策略	组播吞吐量
m：$\left[1, \frac{n}{\log n}\right]$	若 $\begin{cases} n_d：[1, n/(\log n)^3] \\ m：[\sqrt{n n_d}, n/\log n] \end{cases}$	混合机制	$\Omega\left(\frac{m}{n n_d}\right)$
	若 $\begin{cases} n_d：[n/(\log n)^3, n/(\log n)^2] \\ m：[n \cdot (\log n)^{-\frac{3}{2}}, n/\log n] \end{cases}$	混合机制	$\Omega\left(\frac{m}{n n_d}\right)$

续　表

基站数量 m	m，n_d 和 n 的关系	最优策略	组播吞吐量
m：$\left[1, \dfrac{n}{\log n}\right]$	若 $\begin{cases} n_d: [n/(\log n)^2,\ n/\log n] \\ m: [\sqrt{n n_d} \cdot (\log n)^{-\frac{1}{2}},\ n/\log n] \end{cases}$	混合机制	$\Omega\left(\dfrac{m}{n n_d}\right)$
	否则	一般 ad hoc 机制	定理 5.13
m：$\left[\dfrac{n}{\log n}, n\right]$		基站机制	定理 5.14

5.2.2　结果的相关讨论

(1) 结果的一般性

考虑信息分发会话 $(n, n_d, n_d)-\text{cast}$，其中，$1 \leqslant n_d \leqslant n-1$；当 $n_d = 1$ 和 $n_d = n-1$ 时，该一般化的组播会话将退化为单播和广播。需要指出，当结果针对单播情况时，与已有结果[104]相比，有一个 $(\log n)^{-\alpha/2}$ 的差距。实际上，在[104]的路由中，每个 ad hoc 节点通过连通路径与同子区域的基站通信。与密集网络不同，扩展网中的连通路径只能达到速率 $\Omega((\log n)^{-\alpha/2})$ 而不是[104]中引理 11 所提出的常数速率。这是造成结果上这种差距的原因。

(2) 系统瓶颈分析

与大多已有工作一致，同样假设基站和一般 ad hoc 节点之间的链接(我们称为 B-O 链接)与一般 ad hoc 节点之间的链接没有区别。在针对 HEN 和 HDN 的三种机制的分析当中，发现大多情况下系统的瓶颈都是位于 B-O 链接上。因此，如果 B-O 链接的容量可以得到提高，则整个网络的吞吐量也可能相应的提高。因此，当考虑混合机制的时候，特意导出不考虑可能出现在 B-O 链接上的瓶颈的吞吐量。当下一步工作中针对 B-O 链接做一些新假设的时候，这些结果可能被直接用到。

5.3 欧几里得生成森林

将区域 $\mathcal{R}(n, n/\lambda)$ 分割成 $\rho \leqslant m$ 个子区域(方形),保证每个子区域中间有一个基站。注意每个子区域可能包含不止一个基站,但是我们仅需要用到中间的那一个。对于一个组播会话 $\mathcal{M}_k$,其生成集为 $\mathcal{U}_k = \{v_{k_0}\} \cup \mathcal{D}_k$,其中 v_{k_0} 是源节点,$\mathcal{D}_k = \{v_{k_1}, v_{k_2}, \cdots, v_{k_{n_d}}\}$ 表示 v_{k_0} 的目的节点的集合。令 $\mathcal{U}_k^{\iota}$ 表示包含在子区域 S_{ι} 中的 $\mathcal{U}_k$ 的一个子集,其中,$\mathcal{U}_k = \cup \mathcal{U}_k^{\iota}$ 且对任意 $\iota_1 \neq \iota_2$ 有 $\mathcal{U}_k^{\iota_1} \cap \mathcal{U}_k^{\iota_2} = \varnothing$。令 $\widetilde{\mathcal{U}}_k^{\iota} = \mathcal{U}_k^{\iota} \cup \{b_{\iota}\}$,其中,$b_{\iota}$ 表示子区域 S_{ι} 中心的基站。从而可以基于每个 $\widetilde{\mathcal{U}}_k^{\iota}$ 来构造欧几里得生成树(EST),记为 $\mathrm{EST}(\widetilde{\mathcal{U}}_k^{\iota})$,$1 \leqslant \iota \leqslant \varphi_k$,其中,$\varphi_k$ 表示一个占位(occupied)子区域数量的随机变量,即至少包含一个 $\mathcal{U}_k$ 中的节点的子区域的数量。对于每个 $\widetilde{\mathcal{U}}_k^{\iota}$,除了包含源节点 v_{k_0} 的 $\widetilde{\mathcal{U}}_k^{\iota_0}$,$b_{\iota}$ 都作为 $\mathrm{EST}(\widetilde{\mathcal{U}}_k^{\iota})$ 的根节点;对于 $\widetilde{\mathcal{U}}_k^{\iota_0}$ 而言,v_{k_0} 作为 $\mathrm{EST}(\widetilde{\mathcal{U}}_k^{\iota_0})$ 的根节点。

随机变量 φ_k 的大小是占位问题[132]的互补问题。假设 $n_d + 1$ 个球被随机地放入 ρ 个盒子(每个球以等概率放入到每个格子)。令 $\overline{\varphi}_k$ 表示空格的数量,则 $\varphi_k = \rho - \overline{\varphi}_k$。通过占位定理,$\varphi_k$ 的分布为

$$\Pr(\varphi_k = z) = \Pr(\overline{\varphi}_k = \rho - z) = \sum\nolimits_{i=1}^{z} (-1)^i C_z^i \left(\frac{z-i}{\rho}\right)^{n_d+1}$$

下面将研究 φ_k,$k = 1, 2, \cdots, n_s$ 的一致上界。

定义随机变量 $\varphi_{\max} = \max_k\{\varphi_k\}$。关于占位问题的界已有大量的研究[133-134]。由于本书只考虑组播容量的可达下界,所以只需要下面这个比较直观的 $\varphi_{\max}$ 的上界。在针对混合网络组播容量上界的进一步工作中,则需要对下界 $\varphi_{\min}$ 展开讨论。

引理 5.1

针对 $\varphi_{\max}$，以高概率有 $\varphi_{\max}=\max_k\{\varphi_k\}=O(n_d,\ \rho)$。

记由所有的 $\mathrm{EST}(\widetilde{\mathcal{U}}_k^\iota)$ 组成的森林为 $\mathcal{F}_k$，从而，我们有：

引理 5.2

森林 $\mathcal{F}_k$ 中边的总长度，即 $\|\mathcal{F}_k\|$，对任意 k，$1\leqslant k\leqslant n_s$，其阶以高概率为

$$O\left(\frac{\sqrt{a}}{\sqrt{\rho}}\cdot\sqrt{n_d\cdot\min\{n_d,\ \rho\}}\right).$$

证明 记 $\mathrm{EST}(\mathcal{U}_k^\iota)$ 和 $\mathrm{EST}(\widetilde{\mathcal{U}}_k^\iota)$ 中顶点的数目分别为 x_k^ι 和 $\widetilde{x}_k^\iota$。则显然有 $\widetilde{x}_k^\iota=x_k^\iota+1$。根据引理 3.3，有 $\|\mathrm{EST}(\mathcal{U}_k^\iota)\|=O\left(\sqrt{x_k^\iota-1}\cdot\frac{\sqrt{a}}{\sqrt{\rho}}\right)$。因此存在一个常数 κ_1 使得

$$\sum_{\iota=1}^{\varphi_k}\|\mathrm{EST}(\mathcal{U}_k^\iota)\|\leqslant k_1\cdot\frac{\sqrt{a}}{\sqrt{\rho}}\cdot\sum_{\iota=1}^{\varphi_k}\sqrt{x_k^\iota-1},$$

通过 Cauchy-Schwartz 不等式，则有：

$$\sum_{\iota=1}^{\varphi_k}\sqrt{x_k^\iota-1}\leqslant\sqrt{\varphi_k\sum_{\iota=1}^{\varphi_k}(x_k^\iota-1)}\leqslant\sqrt{\varphi_k(n_d-\varphi_k)}.$$

因为 $\|\mathrm{EST}(\widetilde{\mathcal{U}}_k^\iota)\|\leqslant\|\mathrm{EST}(\mathcal{U}_k^\iota)\|+\frac{\sqrt{2a}}{\sqrt{\rho}}$，存在一个常数 κ_2 使得

$$\|\mathcal{F}_k\|\leqslant\frac{\sqrt{a}}{\sqrt{\rho}}\cdot\left(k_1\sqrt{\varphi_k(n_d-\varphi_k)}+k_2\cdot\varphi_k\right),$$

因此，$\|\mathcal{F}_k\|=O\left(\frac{\sqrt{a}}{\sqrt{\rho}}\cdot\sqrt{n_d\cdot\varphi_k}\right)$。结合引理 5.1，证明此结论。

5.4 针对混合扩展网的组播机制

5.4.1 混合机制

混合机制可以进一步分为两种类型：连通机制和渗流机制。

(1) 连通机制

首先要说明，在 $\rho = O(n/\log n)$ 时，连通机制有效。本书记针对扩展网的连通机制为 $\overline{\mathbf{M}}_e$，记其路由和传输机制分别为 $\overline{\mathbf{M}}_e^r$ 和 $\overline{\mathbf{M}}_e^t$。连通机制是依据机制网格(定义 3.7) $\mathbb{L}_1 = \mathbb{L}(\sqrt{n}, \sqrt{\bar{a}_e}, 0)$ (其中的格子称为连通格子)设计的，其中 $\bar{a}_e = 2\theta \cdot \log n$ 且 θ 是一个满足条件 $\theta > 1/(2\log 2 - \log e)$ 的常数。进一步将每个格子水平(或垂直)等分为两个部分，称为半格，如图 5-3 所示。从而，运用引理 3.2，可以证明每个半格中的节点数目以高概率为 $\left(\frac{\theta}{2} \cdot \log n, 2\theta \cdot \log n\right)$。

路由机制 $\overline{\mathbf{M}}_e^r$： 基于每个 $\widetilde{\mathcal{U}}_k^\iota$，运用类似算法 3.1 的方法构造得到一个 $\mathrm{EST}(\widetilde{\mathcal{U}}_k^\iota)$，$1 \leqslant \iota \leqslant \varphi_k$。并在每个区域中以图 5-3 的方式构造水平并行连通路径(Horizontal Parallel Connectivity Path)和垂直并行连通路径(Vertical Parallel Connectivity Path)。

传输调度机制 $\overline{\mathbf{M}}_e^t$： 采用一个 9-TDMA 机制调度连通路径。把每个时隙等分 4 个子时隙，调度每个连通格子对应的 4 个半格。这里的调度机制(图 5-4)类似于第 3 章的并行调度机制。

类似于引理 3.17 的方法，则得到：

引理 5.3

运用并行调度机制 $\overline{\mathbf{M}}_e^t$，每条连通路径容量可达 $\Omega((\log n)^{-\alpha/2})$。

机制 $\overline{\mathbf{M}}_e$ 下的吞吐量： 首先，主要依据引理 5.2，给出每条连通路

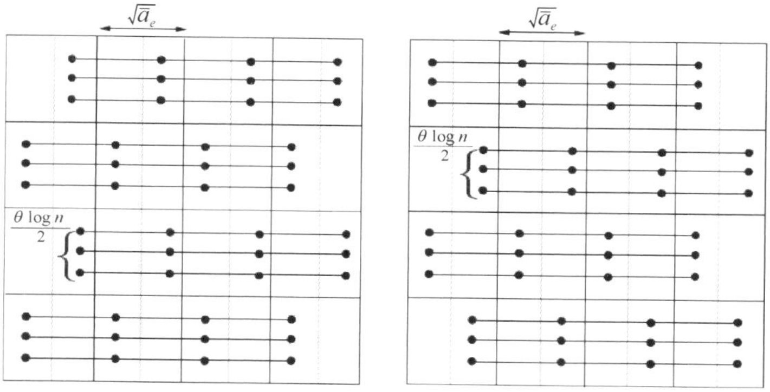

(a) Horizontal parallel connectivity paths

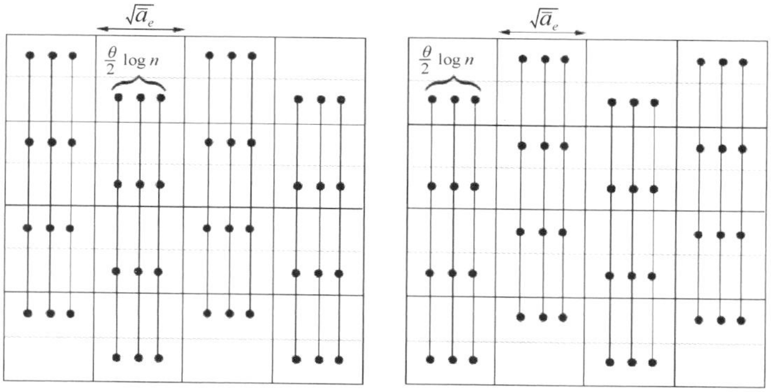

(b) Vertical parallel connectivity paths

图 5-3　构造连通路径

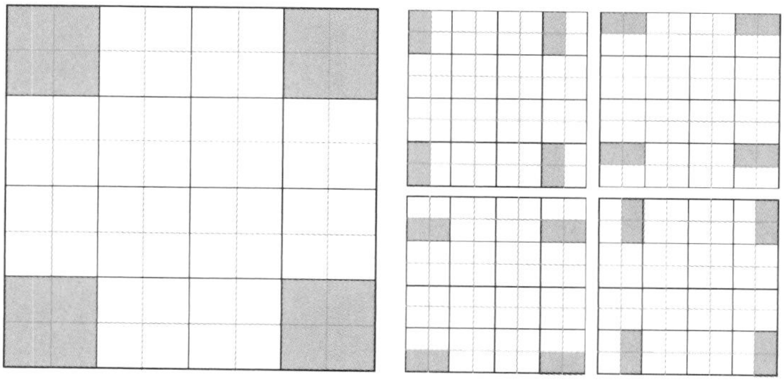

(a) 9-TDMA　　　　(b) Four subslots

图 5-4　连通路径的并行调度机制

径的负载。

引理 5.4

在机制 $\bar{\mathbf{M}}_e$ 下，每条连通路径的负载至多为

$$\bar{L}_e^r = \begin{cases} O(n_d\sqrt{n}/\sqrt{\rho\log n}) & \text{when} \quad n_d: [1, \rho] \\ O(\sqrt{nn_d}/\sqrt{\log n}) & \text{when} \quad n_d: [\rho, n/\log n] \\ O(n_d) & \text{when} \quad n_d: [n/\log n, n], \end{cases}$$

从而，结合引理 5.3 和引理 5.4，有以下结论：

定理 5.3

当 $\rho = O(n/\log n)$ 时，在机制 $\bar{\mathbf{M}}_e$ 下，不考虑可能位于基站的瓶颈的情况，网络的组播吞吐量

$$\bar{\Lambda}_e^{\bar{r}_b} = \begin{cases} \Omega\left((\log n)^{\frac{1-\alpha}{2}} \cdot \dfrac{\sqrt{\rho}}{n_d\sqrt{n}}\right) & \text{when} \quad n_d: [1, \rho] \\ \Omega\left((\log n)^{\frac{1-\alpha}{2}} \cdot \dfrac{1}{\sqrt{nn_d}}\right) & \text{when} \quad n_d: [\rho, n/\log n] \\ \Omega\left((\log n)^{-\frac{\alpha}{2}} \cdot \dfrac{1}{n_d}\right) & \text{when} \quad n_d: [n/\log n, n]. \end{cases}$$

下面考虑可能位于基站的瓶颈。在机制 $\bar{\mathbf{M}}_e$ 下，所有位于子区域 S_ι 中的源节点，只要其目的节点中存在一个点在 S_ι 之外，就需要将该源节点产生的数据传输给基站 b_ι。从而，当源节点数目超过一定的值，基站可能成为整个系统的瓶颈。运用类似于引理 5.4 的方法，则得到：

引理 5.5

在机制 $\bar{\mathbf{M}}_e$ 下，基站和一般 ad hoc 节点之间的链接(B－O 链接)的负载至多为

$$\bar{L}_e^{r_b} = \begin{cases} O(n \cdot n_d/\rho) & \text{when} \quad n_d: [1, \rho] \\ O(n) & \text{when} \quad n_d: [\rho, n], \end{cases}$$

根据引理 5.3,则有:

引理 5.6

在机制 $\bar{\mathbf{M}}_e$ 下,经过 B-O 链接的吞吐量为

$$\bar{\Lambda}_e^{r_b}=\begin{cases}\Omega\left(\dfrac{\rho}{n\cdot n_d}\cdot(\log n)^{-\frac{\alpha}{2}}\right) & \text{when} \quad n_d:[1,\ \rho]\\ \Omega\left(\dfrac{1}{n}\cdot(\log n)^{-\frac{\alpha}{2}}\right) & \text{when} \quad n_d:[\rho,\ n].\end{cases}$$

结合定理 5.3 和引理 5.6,得出机制 $\bar{\mathbf{M}}_e$ 的瓶颈位于 B-O 链接。最后,得到连通机制的可达吞吐量。

定理 5.4

在机制 $\bar{\mathbf{M}}_e$ 下,混合扩展网的组播吞吐量为

当 m:$[1,\ n/\log n]$ 时,

$$\bar{\Lambda}_e^{r}=\begin{cases}\Omega\left(\dfrac{m}{n\cdot n_d}\cdot(\log n)^{-\frac{\alpha}{2}}\right) & \text{when} \quad n_d:[1,\ m]\\ \Omega\left(\dfrac{1}{n}\cdot(\log n)^{-\frac{\alpha}{2}}\right) & \text{when} \quad n_d:[m,\ n].\end{cases}$$

当 m:$[n/\log n,\ n]$ 时,

$$\bar{\Lambda}_e^{r}=\begin{cases}\Omega\left(\dfrac{1}{n_d}\cdot(\log n)^{-\frac{\alpha}{2}-1}\right) & \text{when} \quad n_d:\left[1,\ \dfrac{n}{\log n}\right]\\ \Omega\left(\dfrac{1}{n}\cdot(\log n)^{-\frac{\alpha}{2}}\right) & \text{when} \quad n_d:\left[\dfrac{n}{\log n},\ n\right].\end{cases}$$

(2) 渗流机制

首先要说明,在 $\rho=O(n/(\log n)^2)$ 时,渗流机制有效。本书记针对扩展网的渗流机制为 $\mathbf{M}_e$,记其路由和传输机制分别为 $\mathbf{M}_e^r$ 和 $\mathbf{M}_e^t$。渗流机制是依据机制网格(定义 3.7) $\mathbb{L}_2=\mathbb{L}\left(\sqrt{n},\ \sqrt{a_e},\ \dfrac{\pi}{4}\right)$ (其中的格子称为渗流格子)

设计的。从而，每个渗流格子是开(open)的概率为 $p=1-e^{-a_e}$。运用类似于[68]中的方法构造高速公路：将部署区域分成大小为$\sqrt{2a_e}(\kappa\log h-\epsilon_h)\times(\sqrt{n}/\sqrt{m})$ 的长方块(称之为高速公路块)，其中，$h=\sqrt{n}/\sqrt{2a_e}$，通过调整 $\epsilon_h=o(1)$ 使得 $\sqrt{n}/(\sqrt{2a_e}(\kappa\log h-\epsilon_h))$ 为整数。从而，类似于引理 3.14，我们有：

引理 5.7

对任意 $\kappa>0$ 和 $a_e>\log 6+2/\kappa$，存在一个常数 $\delta_1=\delta_1(\kappa,a_e)$ 使得以高概率保证每个高速公路块中至少包含 $\delta_1\log n$ 条高速公路。

基于引理 5.7，可以把每个水平(垂直)高速公路块等分为 $\kappa_5\times(\sqrt{n}/\sqrt{\rho})$ 大小的高速公路条，其中，$\kappa_5=\delta_1/(2\kappa)$ 是一个常数。可以定义从高速公路集合到条的集合之间的一个映射。换句话说，可以保证每个条中产生的流量将由对应的高速公路来负责，且每条高速公路至多负载一个高速公路条的流量。

路由机制 $\mathbf{M}_e^r$： 基于每个 $\mathrm{EST}(\widetilde{\mathcal{U}}_k^\iota)$，$1\leqslant\iota\leqslant\varphi_k$，用两个阶段来实现每条边 $u_iu_j=\mathrm{EST}(\widetilde{\mathcal{U}}_k^\iota)$ 之间的路由：连通路径阶段和高速公路阶段。具体的方法类似于算法 3.2，需要指出，这里的连通路径类似于第 3 章中的二级高速公路，二者构造方法不同，但可以达到相同的速率和密度。

传输调度机制 $\mathbf{M}_e^t$： 采用两个独立的 TDMA 机制调度高速公路和连通路径。将调度周期等分为两个部分，分别称为高速公路调度 $\mathbf{M}_e^{t_1}$ 和连通路径调度 $\mathbf{M}_e^{t_2}$。其中，$\mathbf{M}_e^{t_1}$ 可用[68]中对高速公路的调度方法，从而，有高速公路的速率可达 $\Omega(1)$。

因为只能保证至少有一条连通路径，而不是高速公路，经过特定基站 b_ι，因此类似于连通策略，则有：

引理 5.8

在机制 $\mathbf{M}_e$ 下，经过 B-O 链接的吞吐量为 $\Lambda_e^{r_b}=\bar{\Lambda}_e^{r_b}$，其中，$\bar{\Lambda}_e^{r_b}$ 的定义

在引理 5.6。

关于调度机制 $\mathbf{M}_e^{t_2}$，我们可以采用 $\overline{\mathbf{M}}_e^t$，从而根据引理 5.3,则有：

引理 5.9

在调度机制 $\mathbf{M}_e^{t_2}$ 下,连通路径的速率可达 $\Omega((\log n)^{-\alpha/2})$。

机制 $\mathbf{M}_e$ 下的吞吐量： 首先,分为高速公路和连通路径的负载。

引理 5.10

在机制 $\mathbf{M}_e$ 下的高速公路阶段,高速公路的负载为

$$L_e^{r_1}=\begin{cases} O\left(\dfrac{\sqrt{n\cdot n_d}}{\sqrt{\rho}}\right) & \text{when} \quad n_d:[1,\ \rho] \\ O(\sqrt{n\cdot n_d}) & \text{when} \quad n_d:[\rho,\ n/(\log n)^2] \\ O(n_d\log n) & \text{when} \quad n_d:[n/(\log n)^2,\ n/\log n] \\ O(n) & \text{when} \quad n_d:[n/\log n,\ n]. \end{cases}$$

证明　给定高速公路上的一点 v_t^*，定义在高速公路阶段经过 v_t^* 的组播会话数量为 $\xi_t^{r_1}$。将考虑 $\xi_t^{r_1}$ 的一致上界 ξ^{r_1}。定义一个事件 $E_e^{r_1}(k,\ t)$：组播会话 $\mathcal{M}_k$ 在高速公路阶段经过点 v_t^*。显然,如果 $E_e^{r_1}(k,\ t)$ 发生,则存在一条边 $u_i u_j\in\mathcal{F}_k$ 其路由在高速公路阶段经过点 v_t^*；也就是说,存在一条经过 v_t^* 的垂直(或水平)线与 $u_i u_{i,j}$ (或 $u_{i,j}u_j$)相交,其中, $p_{i,j}$ 为经过 u_i 的水平线和经过 u_j 的垂直线的交点, $u_{i,j}$ 是离 $p_{i,j}$ 最近的节点。则有：

$$\begin{aligned} \Pr(E_e^{r_1}(k,\ t)) &\leqslant \frac{\kappa_5}{n}\cdot\sum_{u_iu_j\in\mathcal{F}_k}(|u_ip_{i,j}|+|p_{i,j}u_j| \\ &\qquad +2\sqrt{2\alpha_e}(\kappa\log h-\epsilon_h)) \\ &\leqslant \frac{\kappa_6}{n}\cdot(n_d\log n)+\frac{\kappa_7}{n}\cdot\|\mathcal{F}_k\| \\ &\leqslant \frac{1}{n}\cdot\left(\kappa_6\cdot n_d\cdot\log n+\kappa_8\cdot\sqrt{\frac{n\cdot n_d\cdot\min\{n_d,\ \rho\}}{\rho}}\right) \end{aligned}$$

其中，$\kappa_5 \sim \kappa_8$ 是常数。因此，$\xi_t^{r_1}$ 的一个上界，记为 η_t，服从 Poisson 分布，其参数为

$$\lambda_e^{r_1} = \frac{n_s}{n} \cdot \left(\kappa_6 \cdot n_d \cdot \log n + \frac{\kappa_8}{\rho} \cdot \sqrt{n \cdot n_d \cdot \min\{n_d, \rho\}}\right)$$

因此，得证在高速公路阶段，高速公路上点的负载为 $O(\lambda_e^{r_1})$。从而证得引理。

则有：

引理 5.11

在机制 $\mathbf{M}_e$ 下的高速公路阶段，网络组播吞吐量可达：

$$\Lambda_e^{r_1} = \begin{cases} \Omega\left(\dfrac{\sqrt{\rho}}{n_d\sqrt{n}}\right) & \text{when} \quad n_d: [1, \rho] \\ \Omega\left(\dfrac{1}{\sqrt{n \cdot n_d}}\right) & \text{when} \quad n_d: [\rho, n/(\log n)^2] \\ \Omega\left(\dfrac{1}{n_d \log n}\right) & \text{when} \quad n_d: [n/(\log n)^2, n/\log n] \\ \Omega(1/n) & \text{when} \quad n_d: [n/\log n, n]. \end{cases}$$

引理 5.12

在机制 $\mathbf{M}_e$ 下的连通路径阶段，连通路径的负载为 $L_e^{r_2} = O(n_d(\log n)^{1/2})$。

结合引理 5.9 和引理 5.11，则有：

引理 5.13

在机制 $\mathbf{M}_e$ 下的连通路径阶段，网络组播吞吐量可达：

$$\Lambda_e^{r_2} = \Omega\left(\frac{1}{n_d} \cdot (\log n)^{-\frac{\alpha+1}{2}}\right).$$

依据引理 5.11 和引理 5.13，得到以下定理。

定理 5.5

当 $\rho = O(n/(\log n)^2)$ 时，在渗流机制 $\mathbf{M}_e$ 下，不考虑可能位于基站的瓶颈的情况，混合扩展网络的组播吞吐量可达：

当 ρ：$[1,\ n/(\log n)^{\alpha+1}]$，

$$\Lambda_e^{\bar{r}_b} = \begin{cases} \Omega\left(\dfrac{\sqrt{\rho}}{n_d\sqrt{n}}\right) & \text{when} \quad n_d:[1,\ \rho] \\ \Omega\left(\dfrac{1}{\sqrt{nn_d}}\right) & \text{when} \quad n_d:\left[\rho,\ \dfrac{n}{(\log n)^{\alpha+1}}\right] \\ \Omega\left(\dfrac{1}{n_d\cdot(\log n)^{\frac{\alpha+1}{2}}}\right) & \text{when} \quad n_d:\left[\dfrac{n}{(\log n)^{\alpha+1}},\ n\right] \end{cases}$$

当 ρ：$[n/(\log n)^{\alpha+1},\ n/(\log n)^2]$，

$$\Lambda_e^{\bar{r}_b} = \Omega\left(\frac{1}{n_d}(\log n)^{-\frac{\alpha+1}{2}}\right).$$

根据引理 5.8 和定理 5.5，得到以下结果。

定理 5.6

在渗流机制 $\mathbf{M}_e$ 下，混合扩展网络的组播吞吐量可达：

当 m：$[1,\ n/\log n]$，

$$\Lambda_e^{r} = \begin{cases} \Omega\left(\dfrac{m}{n\cdot n_d}(\log n)^{-\frac{\alpha}{2}}\right) & \text{when} \quad n_d:[1,\ m] \\ \Omega\left(\dfrac{1}{n}(\log n)^{-\frac{\alpha}{2}}\right) & \text{when} \quad n_d:\left[m,\ \dfrac{n}{\sqrt{\log n}}\right] \\ \Omega\left(\dfrac{1}{n_d}(\log n)^{-\frac{\alpha+1}{2}}\right) & \text{when} \quad n_d:\left[\dfrac{n}{\sqrt{\log n}},\ n\right]. \end{cases}$$

当 m：$[n/\log n,\ n]$，

$$\Lambda_e^r = \begin{cases} \Omega\left(\dfrac{1}{n_d}(\log n)^{-\frac{\alpha}{2}-1}\right) & \text{when} \quad n_d:[1,\ n/\log n] \\ \Omega\left(\dfrac{1}{n}(\log n)^{-\frac{\alpha}{2}}\right) & \text{when} \quad n_d:\left[n/\log n,\ \dfrac{n}{\sqrt{\log n}}\right] \\ \Omega\left(\dfrac{1}{n_d}(\log n)^{-\frac{\alpha+1}{2}}\right) & \text{when} \quad n_d:\left[\dfrac{n}{\sqrt{\log n}},\ n\right]. \end{cases}$$

最后,结合定理 5.4 和定理 5.6,得到混合扩展网在混合机制下的吞吐量可达 Λ_e^r(定义见定理 5.6)。

5.4.2 一般 Ad hoc 机制

不同于之前的混合机制,在一般 ad hoc 机制下,不采用任何基站。此时,将混合网络当作一般自组织网络。引用第 3 章定理 3.6 的结果,则有:

定理 5.7

在一般 ad hoc 机制下,混合扩展网的每会话组播吞吐量可达:

$$\begin{cases} \Omega\left(\dfrac{1}{\sqrt{n\cdot n_d}}\right) & \text{when} \quad n_d:\left[1,\ \dfrac{n}{(\log n)^{\alpha+1}}\right] \\ \Omega\left(\dfrac{1}{n_d(\log n)^{\frac{\alpha+1}{2}}}\right) & \text{when} \quad n_d:\left[\dfrac{n}{(\log n)^{\alpha+1}},\ n/(\log n)^2\right] \\ \Omega\left(\dfrac{1}{\sqrt{n\cdot n_d}(\log n)^{\frac{\alpha-1}{2}}}\right) & \text{when} \quad n_d:[n/(\log n)^2,\ n/\log n] \\ \Omega\left(\dfrac{1}{n_d(\log n)^{\frac{\alpha}{2}}}\right) & \text{when} \quad n_d:[n/\log n,\ n]. \end{cases}$$

5.4.3 基站机制

在传统的基站机制下,源节点直接通过一跳的上传链接将数据传输给相应的基站，之后基站将数据转发给目的节点。因为所有的无线链接都直接关联于基站，所以并行调度机制无效。本书记针对扩展网的基站机制为 $\widetilde{\mathbf{M}}_e$，记其路由和传输机制分别为 $\widetilde{\mathbf{M}}_e^r$ 和 $\widetilde{\mathbf{M}}_e^t$。基站机制是依据机制网格（定义 3.7）$\mathbb{L}_3=\mathbb{L}(\sqrt{n},\sqrt{n}/\sqrt{m},0)$（其中的格子称为子区域）设计的。

路由机制 $\widetilde{\mathbf{M}}_e^r$：路由机制分为三个部分：上行阶段、基站间传输阶段和下行阶段。

1）在上行阶段，子区域 S_ι 中的源节点将数据传给基站 b_ι。

2）从源节点 v_{k_0} 收到数据的基站通过基站间的高速链接将数据转发给所有包含 v_{k_0} 的目的节点的子区域中的基站。

3）在下行阶段，基站将数据转发给目的节点。

无线传输调度机制 $\widetilde{\mathbf{M}}_e^t$：无线传输调度分为两个阶段：

1）在上行阶段，所有基站可同时接收其子区域内的数据。

2）在下行阶段，所有基站可同时将数据转发给对应子区域中的目的节点。

引理 5.14

在调度机制 $\widetilde{\mathbf{M}}_e^t$ 下，在上行和下行阶段，每个子区域可维持总速率为 $\Omega((n/m)^{-\alpha/2})$。

下面考虑在上行和下行阶段，基站的负载。类似于引理 5.5，则有：

引理 5.15

在调度机制 $\widetilde{\mathbf{M}}_e^t$ 下，在上行和下行阶段，每个基站的负载为 $\widetilde{L}_e^r=\bar{L}_e^{r_b}$，其中 $\bar{L}_e^{r_b}$ 定义在引理 5.5 中。

根据引理 5.14 和引理 5.15，则有：

定理 5.8

在基站机制下，混合扩展网的可达组播吞吐量为

$$\begin{cases} \Omega\left(\dfrac{1}{\log m}\cdot\left(\dfrac{n}{m}\right)^{-\frac{\alpha}{2}}\right) & \text{when} \quad n_d:\left[1,\ \dfrac{m\log m}{n}\right] \\ \Omega\left(\dfrac{m}{n\cdot n_d}\cdot\left(\dfrac{n}{m}\right)^{-\frac{\alpha}{2}}\right) & \text{when} \quad n_d:\left[\dfrac{m\log m}{n},\ m\right] \\ \Omega\left(\dfrac{1}{n}\cdot\left(\dfrac{n}{m}\right)^{-\frac{\alpha}{2}}\right) & \text{when} \quad n_d:[m,\ n]. \end{cases}$$

5.4.4 结合三种机制

为了达到最优的吞吐量,根据具体的 m 和 n_d 取值,从以上三种中选取最优的策略。根据定理 5.6、定理 5.7 和定理 5.8,得到定理 5.1。

5.5 针对混合密集网的组播机制

针对混合密集网的机制与混合扩展网一一对应,同样包括混合机制、基站机制和一般 ad hoc 机制。

5.5.1 混合机制

混合机制同样包括连通机制和渗流机制,分别记为 $\overline{\mathbf{M}}_d$ 和 $\mathbf{M}_d$。但是,与扩展网中对应的机制有较大不同。

(1) 连通机制

基于机制网格 $\mathbb{L}(1, \sqrt{\bar{a}_e/n}, 0)$ 来设计针对混合密集网的连通机制 $\overline{\mathbf{M}}_d$。与混合扩展网中类似,可以在 $\mathbb{L}(1, \sqrt{\bar{a}_e/n}, 0)$ 的每行(列)中构造 $\Theta(\log n)$ 条连通路径。然而,与混合扩展网不同,并行调度机制将无法提高网络容量。

引理 5.16

当每行(列)中 $\pi(n)$ 条连通路径被同时调度时，则每条连通路径的速率为 $\Theta(1/\pi(n))$，其中，$\pi(n)=O(\log n)$。

证明　对任意时隙中的任意链接，因为其长度至少为 $\frac{1}{2}\sqrt{\bar{a}_e/n}$，从而得知在接收点上的干扰可被限制为

$$\begin{aligned}I(n) &\leqslant P\cdot(\pi(n)-1)\cdot\ell\Big(\frac{1}{2}\sqrt{\bar{a}_e/n}\Big)\\&\quad+\sum_{i=1}^{n}8i\cdot\pi(n)\cdot P\cdot\ell\Big(\frac{3i-2}{2}\sqrt{\bar{a}_e/n}\Big)\\&\leqslant P\cdot\Big(\frac{2}{\theta}\Big)^{\frac{\alpha}{2}}\cdot\pi(n)\cdot\Big(\frac{n}{\log n}\Big)^{\frac{\alpha}{2}}\Big(1+\lim_{n\to\infty}\sum_{i=1}^{n}\frac{8i}{(3i-2)^{\alpha}}\Big),\end{aligned}$$

上式中，最后一个极限当 $\alpha>2$ 时收敛，因此有 $I_n=O\Big(\pi(n)\cdot\Big(\frac{n}{\log n}\Big)^{\alpha/2}\Big)$。

因为每条的长度至多为 $\frac{1}{2}\sqrt{13\,\bar{a}_e/n}$，所以接收点上的信号强度为

$$S(n)\geqslant\Big(\frac{13}{2}\cdot\theta\Big)^{-\alpha/2}\cdot P\cdot\Big(\frac{n}{\log n}\Big)^{\alpha/2}.$$

由于 $N_0\geqslant 0$，我们有 $\frac{S(n)}{N_0+I(n)}=O\Big(\frac{1}{\pi(n)}\Big)$，从而证得此引理。

根据引理 5.16，只在 $\mathbb{L}(1,\sqrt{\bar{a}_e/n},0)$ 中每行(列)中构造 1 条连通路径。运用与混合扩展网类似的方法，得到下列结果。

定理 5.9

当 $\rho=O(n/\log n)$ 时，在机制 $\overline{\mathbf{M}}_d$ 下，当不考虑可能位于基站的瓶颈的情况下，网络的组播吞吐量

$$\bar{\Lambda}_d^{\bar{r}_b}=\begin{cases}\Omega\left(\dfrac{\sqrt{\rho}}{n_d\sqrt{n\log n}}\right) & \text{when}\quad n_d:[1,\ \rho]\\ \Omega\left(\dfrac{1}{\sqrt{nn_d\log n}}\right) & \text{when}\quad n_d:[\rho,\ n/\log n]\\ \Omega\left(\dfrac{1}{n}\right) & \text{when}\quad n_d:[n/\log n,\ n].\end{cases}$$

引理 5.17

在机制 $\bar{\mathbf{M}}_d$ 下，基站和一般 ad hoc 节点之间的链接(B-O 链接)的负载至多为

$$\bar{L}_d^{r_b}=\begin{cases}O(n\cdot n_d/\rho) & \text{when}\quad n_d:[1,\ \rho]\\ O(n) & \text{when}\quad n_d:[\rho,\ n].\end{cases}$$

另一方面，类似于 $\bar{\mathbf{M}}_e$，可以证明

引理 5.18

在机制 $\bar{\mathbf{M}}_d$ 下，经过 B-O 链接的吞吐量为

$$\bar{\Lambda}_d^{r_b}=\begin{cases}\Omega\left(\dfrac{\rho}{n\cdot n_d}\right) & \text{when}\quad n_d:[1,\ \rho]\\ \Omega\left(\dfrac{1}{n}\right) & \text{when}\quad n_d:[\rho,\ n].\end{cases}$$

结合引理 5.18 和定理 5.9，我们得出机制 $\bar{\mathbf{M}}_d$ 的瓶颈位于 B-O 链接。最后，得到连通机制的可达吞吐量。

定理 5.10

在机制 $\bar{\mathbf{M}}_d$ 下，混合密集网的组播吞吐量为

当 m：$[1,\ n/\log n]$ 时，

$$\bar{\Lambda}_d^{r}=\begin{cases}\Omega\left(\dfrac{m}{n\cdot n_d}\right) & \text{when}\quad n_d:[1,\ m]\\ \Omega\left(\dfrac{1}{n}\right) & \text{when}\quad n_d:[m,\ n].\end{cases}$$

当 m：$[n/\log n, n]$ 时，

$$\bar{\Lambda}_d^r = \begin{cases} \Omega\left(\dfrac{1}{n_d \log n}\right) & \text{when} \quad n_d: [1, n/\log n] \\ \Omega\left(\dfrac{1}{n}\right) & \text{when} \quad n_d: [n/\log n, n]. \end{cases}$$

（2）渗流机制

本书记针对混合密集网的渗流机制为 $\mathbf{M}_d$，记其路由和传输机制分别为 $\mathbf{M}_e^r$ 和 $\mathbf{M}_e^t$。渗流机制是依据机制网格（定义 3.7）$\mathbb{L}(1, \sqrt{a_e/n}, \pi/4)$（其中的格子称为渗流格子）设计的。渗流格子中的节点数目期望值仍然是 a_e。因此，所有针对混合扩展网的渗流结论仍然适用于混合密集网。可以构造与混合扩展网中同数量的高速公路，并有以下结果。

引理 5.19

在机制 $\mathbf{M}_d$ 下的高速公路阶段，网络组播吞吐量可达：

$$\Lambda_d^{r_1} = \begin{cases} \Omega\left(\dfrac{\sqrt{\rho}}{n_d \sqrt{n}}\right) & \text{when} \quad n_d: [1, \rho] \\ \Omega\left(\dfrac{1}{\sqrt{n \cdot n_d}}\right) & \text{when} \quad n_d: [\rho, n/(\log n)^2] \\ \Omega\left(\dfrac{1}{n_d \log n}\right) & \text{when} \quad n_d: [n/(\log n)^2, n/\log n] \\ \Omega(1/n) & \text{when} \quad n_d: [n/\log n, n]. \end{cases}$$

引理 5.20

在机制 $\mathbf{M}_d$ 下的连通路径阶段，网络组播吞吐量可达：

$$\Lambda_d^{r_2} = \Omega\left(\frac{1}{n_d} \cdot (\log n)^{-\frac{3}{2}}\right).$$

基于引理 5.19 和引理 5.20，得到以下定理。

定理 5.11

当 $\rho = O(n/(\log n)^2)$ 时，在渗流机制 $\mathbf{M}_d$ 下，不考虑可能位于基站的瓶颈的情况，混合密集网络的组播吞吐量可达：

当 ρ：$[1,\ n/(\log n)^3]$ 时，

$$\bar{\Lambda}_d^{\bar{r}_b} = \begin{cases} \Omega\left(\dfrac{\sqrt{\rho}}{n_d\sqrt{n}}\right) & \text{when} \quad n_d:[1,\ \rho] \\ \Omega\left(\dfrac{1}{\sqrt{nn_d}}\right) & \text{when} \quad n_d:[\rho,\ n/(\log n)^3] \\ \Omega\left(\dfrac{1}{n_d\cdot(\log n)^{\frac{3}{2}}}\right) & \text{when} \quad n_d:[n/(\log n)^3,\ n]. \end{cases}$$

当 ρ：$[n/(\log n)^3,\ n/(\log n)^2]$ 时，

$$\Lambda_d^{\bar{r}_b} = \Omega\left(\frac{1}{n_d}\cdot(\log n)^{-\frac{3}{2}}\right).$$

结合引理 5.18 和定理 5.11，得到以下结果。

定理 5.12

在渗流机制 $\mathbf{M}_e$ 下，混合扩展网络的组播吞吐量可达：

当 m：$[1,\ n/(\log n)^{-3/2}]$，

$$\Lambda_d^r = \begin{cases} \Omega\left(\dfrac{m}{n\cdot n_d}\right) & \text{when} \quad n_d:[1,\ m] \\ \Omega\left(\dfrac{1}{n}\right) & \text{when} \quad n_d:[m,\ n\cdot(\log n)^{-\frac{3}{2}}] \\ \Omega\left(\dfrac{1}{n_d}(\log n)^{-\frac{3}{2}}\right) & \text{when} \quad n_d:[n\cdot(\log n)^{-\frac{3}{2}},\ n]. \end{cases}$$

当 m：$[n/(\log n)^{-3/2},\ n]$ 时，

$$\Lambda_d^r = \Omega\left(\frac{1}{n_d}(\log n)^{-\frac{3}{2}}\right).$$

最后，结合定理 5.10 和定理 5.12，得到混合密集网在混合机制下的吞吐量可达 $\bar{\Lambda}_d^r$（定义见定理 5.10）。

5.5.2　一般 Ad hoc 机制

引用[71]中的结果，则有：

定理 5.13

在一般 ad hoc 机制下，混合密集网的每会话组播吞吐量可达：

$$\begin{cases} \Omega\left(\dfrac{1}{\sqrt{n \cdot n_d}}\right) & \text{when} \quad n_d:\ [1,\ n/(\log n)^3] \\ \Omega\left(\dfrac{1}{n_d(\log n)^{\frac{3}{2}}}\right) & \text{when} \quad n_d:\ [n/(\log n)^3,\ n/(\log n)^2] \\ \Omega\left(\dfrac{1}{\sqrt{n \cdot n_d \log n}}\right) & \text{when} \quad n_d:\ [n/(\log n)^2,\ n/\log n] \\ \Omega(1/n) & \text{when} \quad n_d:\ [n/\log n,\ n]. \end{cases}$$

5.5.3　基站机制

针对混合密集网的基站机制与混合扩展网的相似。运用类似的过程则得到：

定理 5.14

在基站机制下，混合密集网的可达组播吞吐量为

$$\bar{\Lambda}_d = \begin{cases} O(1/\log n) & \text{when} \quad n_d:\ \left[1,\ \dfrac{m \cdot \log n}{n}\right] \\ O\left(\dfrac{m}{n \cdot n_d}\right) & \text{when} \quad n_d:\ \left[\dfrac{m \cdot \log n}{n},\ m\right] \\ O(1/n) & \text{when} \quad n_d:\ [m,\ n]. \end{cases}$$

5.5.4 结合三种机制

为了达到最优的吞吐量，根据具体的 m 和 n_d 取值，从以上三种中选取最优的策略。根据定理 5.12、定理 5.13 和定理 5.14，得到定理 5.2。

5.6 本章小结

本章针对静态混合扩展网和混合密集网的组播容量展开研究。给出了三种组播机制，并导出相应的可达吞吐量。以下是有待进一步研究的问题。

5.6.1 关于匹配的上界

即使针对静态随机无线自组织网络，包括随机密集网和随机扩展网，其组播容量还未有匹配的上界和下界[80]。

对于混合无线网，现在也没有工作给出匹配的上界。一个直观的上界是 $O(1)$，当传输间的干扰不存在的时候，系统吞吐量可以达到这种上界。对 HEN 和 HDN 来讲，这个上界可由基站机制（设定 $m=\Theta(n)$ 和 $n_d=\Theta(1)$，见表 5-1 和表 5-2）达到。但显然，如此一来，巨大的基站投资令机制变得不切实际。一个有待进一步开展的重要工作是验证对所有 m：$[1, n]$ 和 n_d：$[1, n]$，本章所给出的下界是否为紧的。

5.6.2 混合移动网络的渐近性能分析

对于移动自组织网络（MANET），增设基站同样可以提高网络的一些性能，比方说，容量[97,100,103,110,118]、延迟或者二者之间的权衡[114,135]。

当前已有的一些工作给出了协议模型(固定速率模型)下的转发机制。在更为一般的通信模型下,针对更为一般的会话模式,研究混合网络的渐近性能是下一步值得开展的工作之一。

第6章 大规模无线传感器网络的聚合容量分析

无线传感器网络(Wireless Sensor Network, WSN)由一组具备感知、通信和计算能力的传感器节点组成,它的一个关键应用就是数据汇集(Data Gathering),即传感器将数据(可能通过多跳的形式)传送到 sink 节点上。在实际应用中,网络使用者经常关注的只是传感器节点测量数值(Measurements)的一个特定函数值,而不是需要所有测量数值的原始值。网内数据聚合(Data Aggregation)在提高传感器网络的容量方面发挥着重要的作用,是 WSN 节约能量的主要手段之一,原因是通信的能量消耗要远远高于计算的能量消耗[84,136-140]。因此,有必要针对 sink 节点关注的特定函数定义传感器网络的计算和传输数据的综合能力,我们称这种能力为聚合容量(Aggregation Capacity)。各种数据聚合机制已被提出,它们或者基于集簇[141-145]或者基于树结构[146-148]。在数据聚合的应用中,如环境或栖息地监测[149,150],传感器周期性地感知数据并传送给 sink 节点。当假设传输模式和网络拓扑不动时,通常可采用基于结构的方法,这种方法需要相对小的维护开销。

本章将对无线传感器网络的聚合容量展开研究。首先针对随机扩展 WSN 的聚合容量给出紧的上下界,并设计基于多 sink 节点的并行聚合机制,以提高网络的聚合吞吐量。其次针对一般密度的随机 WSN 设计可扩展(Scalable)的聚合机制,并给出聚合吞吐量和汇集效率的权衡。

6.1　随机扩展无线传感器网络的聚合容量

针对随机 WSN 聚合容量的已有工作都是针对密集网的情况,包括任意密集网和随机密集网。这些工作采用的都是协议模型或者物理模型。本节首次给出针对随机扩展 WSN 的标度律。受传输功率所限,与随机密集 WSN 不同,协议模型和物理模型的假设,即任意成功的传输可以常数速率进行,这在随机扩展 WSN 中是过于乐观和不现实的。给出一般物理模型下随机扩展 WSN 的容量标度律。

6.1.1　相关工作

无线传感器网络的标度律问题最早由 Marco 等[106]开始研究。他们考虑了随机密集 WSN 在协议模型下的容量问题。在[93]中,Giridhar 和 Kumar 研究密集 WSN 中更一般的传感器测量值对称函数的计算和通信问题。他们证明对于 type-sensitive 和 type-threshold 函数,随机密集 WSN 在协议模型下的聚合容量分别为 $\Theta(1/\log n)$ 和 $\Theta(1/\log\log n)$。Ying 等[151]研究 WSN 中在聚合值以高概率正确的条件约束下,计算对称函数所需的传输能量的优化问题。Moscibroda[109]给出了随机密集 WSN 在最坏情况下针对 divisible perfectly compressible 函数的容量标度律:在协议模型和物理模型下,网络在最坏的情况下分别能达到的容量为 $\Theta(1/n)$ 和 $\Theta(1/(\log n)^2)$。所有这些工作都是针对密集网展开的,并且采用的都是固定速率的通信模型。Zheng 和 Barton[152]证明了在引入物理层协作的方法后,当能量衰减指数 $2 < \alpha < 4$ 时,随机扩展 WSN 的数据收集容量上界为 $\Theta(\log n/n)$,当 $\alpha > 4$ 时,上界为 $\Theta(1/n)$。需要指出,这个工作考虑的是数据汇集中的特例——数据收集(Data Collection)问题,或称为数据下载(Data Downloading[153])问题,即不考虑网内的数据聚合。

6.1.2 系统模型

考虑随机 WSN 的模型为 $\mathcal{N}_u(n,\ a^2)$,其中一个传感器被选作 sink 节点,记为 s_0。每个节点 s_i,$0 \leqslant i \leqslant n-1$,周期性生成环境的测量值,这些测量值属于一个有限集合 $\mathcal{M}$,其中 $|\mathcal{M}| = m$,并且关注函数(Functions of Interest)需要重复的计算。直观来看,WSN 的聚合容量要依赖于 sink 节点的关注函数[93,109]。如图 6-1 所示。

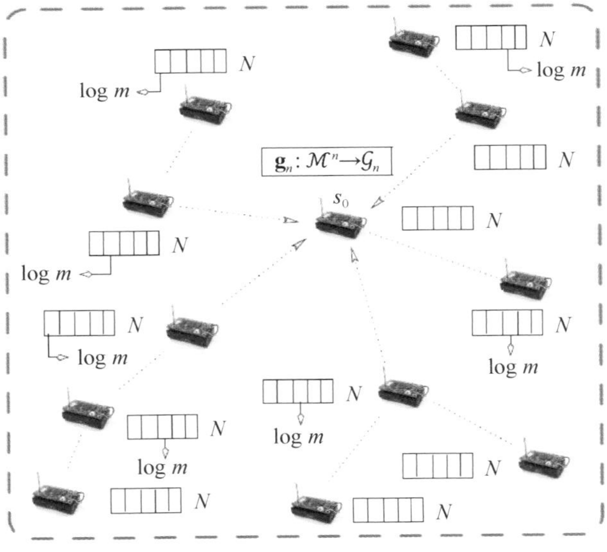

图 6-1　系统模型

(1) 形式化定义

记 sink 节点关注的聚合函数为 $\mathbf{g}_n: \mathcal{M}^n \rightarrow \mathcal{G}_n$;对任意 k,$1 \leqslant k \leqslant n$,定义 n 个测量值的函数为 $\mathbf{g}_k: \mathcal{M}^k \rightarrow \mathcal{G}_k$,其中 $\mathcal{G}_k$ 是函数的值域。假设每个传感器有一个大小为 N 的数据块作为一个先验的信息。定义所有 n 个节

点上 N 轮测量值为一个处理单元。在实际应用中，通常只有同一轮的测量值才有需求被聚合。我们首先介绍一些符号。

● 用一个 $n\times N$ 的矩阵 $M^{n\times N}\in\mathcal{M}^{n\times N}$ 表示一个处理单元，其中 $M^{n\times N}(i,j)$ 表示传感器 s_i 上的第 j 轮测量值。

● 对于一个 k 维的向量 $M^k=[M_1, M_2, \cdots, M_k]$，其中 $M_i\in\mathcal{M}$，定义

$$\mathbf{g}_k(M^k):=\mathbf{g}_k(M_1, M_2, \cdots, M_k).$$

● 给定一个矩阵 $M^{k\times N}$，$1\leqslant k\leqslant n$，定义

$$\mathbf{g}_k^N(M^{k\times N}):=(\mathbf{g}_k(M^{k\times N}(\cdot, 1)), \mathbf{g}_k(M^{k\times N}(\cdot, 2)), \cdots, \mathbf{g}_k(M^{k\times N}(\cdot, N)))$$

● 记一个处理单元为 N 轮测量值的聚合机制为 $\mathbf{A}_{N,n}$，则在 $\mathbf{A}_{N,n}$ 下，输入为 $M^{n\times N}$，sink 节点 s_0 上的输出为 $\mathbf{g}_n^N(M^{n\times N})$。

(2) 聚合容量定义

首先定义可达聚合吞吐量。以下涉及的 log 函数均是以 2 为底。

定义 6.1　可达聚合吞吐量

一个吞吐量 $\Lambda(n)$ 对函数 $\mathbf{g}_n$ 是可达的，如果存在一个聚合机制 $\mathbf{A}_{N,n}$ 可以把任意 $M^{n\times N}\in\mathcal{M}^{n\times N}$ 用时 $T(\mathbf{A}_{N,n})$ 聚合到 sink 节点上得到 $\mathbf{g}_n^N(M^{n\times N})$，其中，$\Lambda(n)\leqslant\dfrac{N\cdot\log m}{T(\mathbf{A}_{N,n})}$，$m=|\mathcal{M}|$。

在具有密集性数据传输需求的 WSN 中，如多媒体无线传感器网络[154]，聚合吞吐量是尤为重要的系统性能指标。需要指出，如果是移动 WSN，对网络吞吐量需要另外的定义。基于可达聚合吞吐量，根据定义 2.5 可以得到随机 WSN 的聚合容量。

(3) 关注聚合函数(Aggregation Functions of Interest)

本章将主要考虑 symmetric(对称)函数，其值与数据分量的顺序(置换)无关：对任意 $1\leqslant k\leqslant n$，对所有的置换 σ，有

$$\mathbf{g}_k(M_1, M_2, \cdots, M_k) = \mathbf{g}_k(\sigma(M_1, M_2, \cdots, M_k)).$$

在实际应用中的许多函数，如许多统计函数，都属于 symmetric 函数。Symmetric 函数体现的是以数据为中心（Data Centric）的函数类别[155-156]。在 WSN 的应用中，symmetric 函数体现的是传感器产生的数据本身比它的来源更重要的理念。进而研究范围限制在一类特定 symmetric 函数上，即 divisible（可分）函数。Divisible 函数的特点是可以分而治之（Divide-and-Conquer），这种函数通常被作为 WSN 中数据聚合问题的一般性函数。

下面介绍另外两类特殊的 symmetric 函数：type-sensitive 函数和 type-threshold 函数。

定义 6.2　Type-Sensitive 函数

一个 symmetric 函数 $\mathbf{g}_n(\cdot)$ 被称为 type-sensitive 函数，如果存在一个常数 θ，$0<\theta<1$，和一个整数 n_0，使得对 $n \geqslant n_0$ 和 $i \leqslant n-\lceil \theta n \rceil$，给定任意子集 $\{M_1, M_2, \cdots, M_i\}$，将存在两个不同的子集 $\{M'_{i+1}, M'_{i+2}, \cdots, M'_n\}$ 和 $\{M''_{i+1}, M''_{i+2}, \cdots, M''_n\}$，使得

$$\begin{aligned}&\mathbf{g}_n(M_1, M_2, \cdots, M_i, M'_{i+1}, M'_{i+2}, \cdots, M'_n)\\ \neq\ &\mathbf{g}_n(M_1, M_2, \cdots, M_i, M''_{i+1}, M''_{i+2}, \cdots, M''_n).\end{aligned}$$

对于一个 n 维向量 $M^n \in \mathcal{M}^n$，M^n 的 mode 函数（出现次数最多的值），mean 函数，median 函数，以及 standard deviation 函数都属于 type-sensitive 函数。

定义 6.3　Type-Threshold 函数

一个 symmetric 函数 $\mathbf{g}_n(\cdot)$ 被称为 type-threshold 函数，如果存在一个非负 $|\mathcal{M}| = m$ 维向量 ξ，称之为 threshold 向量，使得对任意 $M^n \in \mathcal{M}^n$，有

$$\mathbf{g}_n(M^n) = \mathbf{g}'_m(\phi(M^n)) = \mathbf{g}'(\min\{\phi(M^n), \xi\})$$

其中，$\phi(M^n)$ 被称为 type 向量，定义为 $\phi(M^n) = [\phi_1(M^n), \phi_2(M^n), \cdots, \phi_m(M^n)]$，$\phi_k(M^n) := |\{s_i : M_i = k\}|$；min 函数是取元素方式(Element-wise)的最小值。

对于一个 n 维向量 $M^n \in \mathcal{M}^n$，max 函数，min 函数，range 函数，kth largest 值函数，以及 indicator 函数等都属于 type-threshold 函数。

特别是，考虑一类重要的 symmetric(对称)函数，称之为 divisible-perfectly-compressible 聚合函数(DPC - AFs)。称一个 divisible 函数为 perfectly compressible(完美压缩)，如果来自不同传感器的同一轮的测量值可以聚合成与原先长度相同的新的数据[109]。从而有以下这个引理。

引理 6.1　DPC 函数的压缩长度

对任意的 divisible-perfectly-compressible 聚合函数 $\mathbf{g}_k$，$1 \leqslant k \leqslant n$，有 $|\mathcal{G}_k| = \Theta(m)$，其中 $\mathcal{G}_k$ 是函数 $\mathbf{g}_k$ 的值域。

主要考虑两类特殊的 DPC - AFs：type-sensitive DPC - AF 和 type-threshold DPC - AF。如图 6 - 2 所示。

直观来讲，对于 type-sensitive 函数而言，当足够大比例的数据未知时，

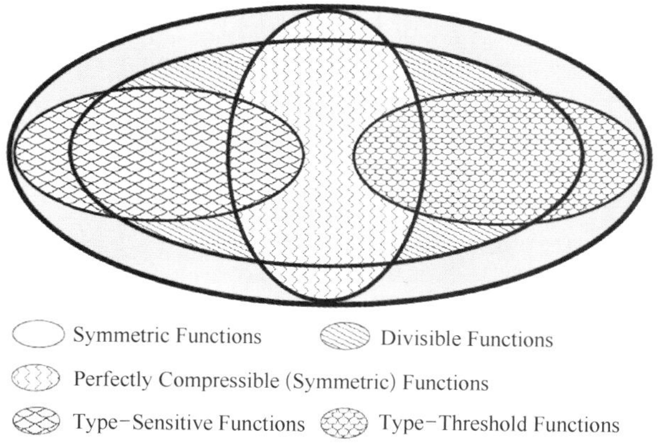

图 6 - 2　聚合函数的类别

其值无法确定，而对于 type-threshold 函数而言，其值可由一定数量的数据来决定。type-sensitive DPC－AF 的一个代表性例子是 average（平均）函数；type-threshold DPC－AF 的代表性例子包括 max、min、range 以及各种 indicator 函数。

（4）网络扩展模型

下面讨论随机密集网和扩展网的区别。在标度律的研究中，一般有两种形式的扩展模式：扩展式和密集式。二者在工程意义上的区别主要体现在常见的干扰受限（interference-limitedness）和覆盖/能量受限（coverage/power-limitedness）。密集式网络是密集式的部署，用户收到的信号具有充分大的信噪比（SNR），而网络吞吐量主要受限于同时进行的传输之间的干扰。扩展式网络是相对稀疏式的部署，通信的源点和目的节点的距离不断扩大，网络吞吐量受限于传输能量和干扰。

下面讨论随机网络 $\mathcal{N}_u(n, a^2)$ 扩展模式的判断准则。首先，介绍一个关于欧几里得最小生成树的结论[81,95,157-159]。记 $\mathcal{N}_u(n, a^2)$ 中 n 个点的 EMST 中的最长的边为 $L(n, a^2)$。对随机变量 $L(n, a^2)$，根据[158]中的结果，Li 等在[81]中提出了以下引理。

引理 6.2　EMST 最长边的长度

对于随机变量 $L(n, a^2)$，对任意实数 $\nu(n)$，则有：

$$\lim_{n\to\infty}\Pr\left(n\pi\cdot\left(\frac{L(n, a^2)}{a}\right)^2-\log n\leqslant \nu(n)\right)=\frac{1}{e^{e^{-\nu(n)}}}.$$

基于引理 6.2，令 $\nu(n)=-\ln\ln n$，有 $L(n, a^2)=\Omega(a\cdot\sqrt{\log n/n})$ 以高概率（至少 $1-1/n$）成立；令 $\nu(n)=-\ln n$，有 $L(n, a^2)=O(a\cdot\sqrt{\log n/n})$ 以高概率（至少 $1-1/n$）成立。从而有：

$$\lim_{n\to\infty}\Pr(L(n, a^2)=\Theta(a\cdot\sqrt{\log n/n}))=1-1/n.$$

根据 $L(n, a^2)$ 的长度，即 $\Theta(a \cdot \sqrt{\log n/n})$，来定义随机网络 $\mathcal{N}_u(n, a^2)$ 扩展模式的判断准则。

定义 6.4　扩展模式

给定一个随机网络 $\mathcal{N}_u(n, a^2)$，如果 $a \cdot \sqrt{\log n/n} = O(1)$ 以高概率成立，则它是密集式网络，如果 $a \cdot \sqrt{\log n/n} = \omega(1)$ 以高概率成立，则它是扩展式网络。

(5) 随机密集 WSN 和随机扩展 WSN 的比较

随机密集 WSN(RD－WSN)和随机扩展 WSN(RE－WSN)是随机密集式和随机扩展式网络的代表性例子。RD－WSN 代表的是一种监测区域面积固定，网络的规模随传感器的部署密度的增大而变大；RE－WSN 代表的是一种传感器的部署密度固定，网络的规模随部署区域面积的增大而变大。

(6) 通信/干扰模型和扩展模型的关系

下面分析常见的通信模型和扩展模型的组合，并为本书选择出最优的模型，即一般物理模型(定义 2.4)。

通常将协议模型和物理模型归为固定速率(Fixed-rate)模型(FCM)；将一般物理模型(GphyM)归为自适应速率(Adaptive-rate)模型(ACM)。

● 密集式网络中的 FCM：Gupta 和 Kumar[6] 只是针对密集式网络定义了协议模型和物理模型。在密集式网络中，假设所有成功的传输可达到常数速率是合理的，因为充分大的 SINR(信噪干扰比)可以达到。因此，[89,93,106,160]中在 FCM 下取得的聚合容量针对 RD－WSN 来讲是合理的。

● 密集式网络中的 GphyM：在密集式网络中，FCM 可以看做是 GphyM 的完美的简化。实际上，在二者之下推导的容量是相等的(允许

FCM 多参数)。

● 扩展式网络中的 FCM：在扩展式网络中，根据定义 6.4，针对 $\mathcal{N}_u(n, a^2)$ 的任意路由机制下，都存在一条边的长度为 $\Omega(a \cdot \sqrt{\log n/n})$，即 $\omega(1)$。从而，这条边的 SNR 值会太小而不能达到常数阶的速率。也就是说，在随机扩展网中，假设所有成功的传输可达到常数速率是过于乐观和不现实的。

● 扩展式网络中的 GphyM：GphyM 可以近似地体现出在扩展式网络中链接速率的连续性，这正是针对扩展网的工作大多都采用 GphyM 的原因。

6.1.3 聚合容量的下界

通过设计聚合机制，来给出随机扩展 WSN 的聚合吞吐量。

(1) 针对一般 Divisible 聚合函数的聚合机制

聚合机制 $\mathbf{A}_{N,n}$ 依赖于机制网格(定义 3.7) $\mathbb{L}_1 = \mathbb{L}(\sqrt{n}, 2\sqrt{\log n}, 0)$。为了描述方便，假设 $\sqrt{n}/(2\sqrt{\log n})$ 总是一个整数，这对最终结果的阶不会产生影响。以左上角的格子为原点 (0, 0)，依照从左到右、从上到下的顺序给每个格子一个二维坐标，即右下角格子的坐标为 (δ, δ)，其中 $\delta = \delta(n) = \sqrt{n}/2\sqrt{\log n} - 1$。依据 VC 定理(引理 4.2)，我们有：

引理 6.3

对机制网格 $\mathbb{L}_1$ 中的任意格子 (i, j)，其包含的节点数目 $n_{i,j}$ 以高概率满足

$$\frac{1}{2}\log n < n_{i,j} < 8\log n.$$

首先给出聚合路由机制。该聚合路由树分为两个层次：聚合骨干链接和局部聚合链接。

聚合骨干：从 $\mathbb{L}_1$ 中的所有格子(除了包含 s_0 的格子)中随机选取一个传感器，得以组成一个 $(\delta+1)^2-1$ 个点的集合，记为 $\mathcal{B}_s$，并定义 $\mathcal{B}:=\mathcal{B}_s\cup\{s_0\}$ 作为骨干集合。$\mathcal{B}$ 中的所有点被称为聚合站点，或者为了简便，直接称之为站点。

假设 sink 节点 s_0 位于格子 $C_{\delta,\delta}$：(δ,δ) 中。通过连接相邻的同一行的站点构成水平聚合骨干；连接第 δ 列的站点，构成垂直骨干，如图 6-3(a)所示。对于 sink 节点 s_0 处在其他一般位置的格子 $C_{i,j}$：(i,j) 的情况，构建路由的不同之处在于我们连接第 j 列的站点构建垂直骨干，如图 6-3(b)

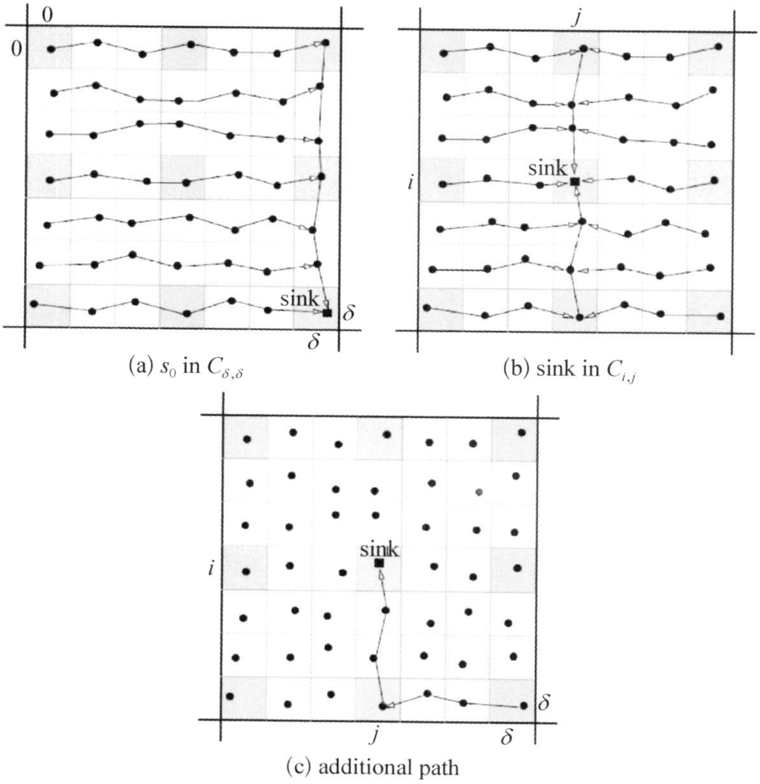

图 6-3　针对一般 divisible 函数的聚合路由骨干

所示。事实上，可以构建一条从格子 $C_{\delta,\delta}$ 到格子 $C_{i,j}$ 的多跳的路径，如图 6-3(c)所示。可以证明，聚合机制的瓶颈不会出现在这样的路径上，也就是说，sink 节点 s_0 的位置不会影响结果的阶。

局部聚合链接： 在 $\mathbb{L}_1$ 中的所有格子中，除了 sink 节点 s_0 之外，所有传感器都通过一个单跳与 s_0 通信，如图 6-4(a)所示。

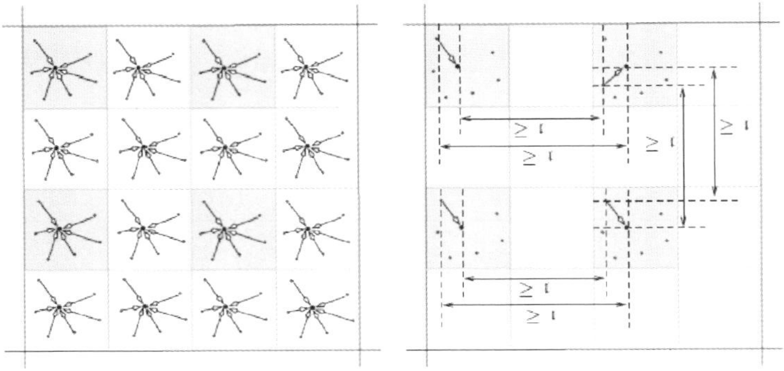

(a) Local Aggregation (b) Limiting Interference

图 6-4 针对一般 divisible 函数的局部聚合

下面考虑聚合调度机制。与路由机制相对应，调度机制也分为两个阶段：局部调度和骨干调度。在第一个阶段，每个格子中的传感器上的测量值将被聚合到聚合站点上；在第二个阶段，聚合站点上的聚合值将被逐层聚合到 sink 节点上。

局部聚合调度： 在此阶段，用一个 4-TDMA 机制调度 $\mathbb{L}_1$ 中的格子，如图 6-4(a)所示，只有完全包含在格子中的链接才被调度。这样的链接在每个格子中的数目以高概率不超过 $8\log n$。从而，可以进一步把 4-TDMA 机制的每个时间片分为 $8\log n$ 等分的子时间片，保证所有的局部链接在 $32\log n$ 个子时间片内可以被调度一次。

骨干聚合调度： 在此阶段，数据将以流水线的方式被聚合到 sink 节点上。骨干调度分为两个阶段：水平骨干阶段和垂直骨干阶段。

在水平骨干阶段的初始状态，每个格子 $C_{i,j}$ 中的聚合站点 $b_{i,j}$ 存储着来自其包含的节点的 N 轮测量值(可用一个矩阵 $M^{n_{i,j}\times N}$ 表示)的聚合函数值。记这 N 个聚合函数为

$$\mathbf{g}_{n_{i,j}}^{N}(M^{n_{i,j}\times N})=(\mathbf{g}_{n_{i,j}}(M^{n_{i,j}\times N}(\bullet,z)),\ z=1,2,\cdots,N).$$

至此,可用一个矩阵 $M_h^{(\delta+1)^2\times N}$ 来表示 $(\delta+1)^2$ 个站点拿到的 N 轮数据。在水平骨干阶段,记 $b_{i,j}$ 以及它的所有后继点为 $D_{i,j}^h$,从而有 $|D_{i,j}^h|=\Theta((j+1)\cdot\log n)$,则 $b_{i,j}$ 上的第 k 轮数据的聚合值为

$$\mathfrak{b}_{i,j}^h(k):=\mathbf{g}_{|D_{i,j}^h|}(M_h^{|D_{i,j}^h|\times N}(\bullet,k)).$$

其中,$\mathfrak{b}_{i,0}^h(k)=\mathbf{g}_{n_{i,0}}(M^{n_{i,0}\times N}(\bullet,k))$, for $k=1,2,\cdots,N$.

算法 6.1　水平骨干聚合

输入:所有站点上的数据 $\mathbf{g}_{n_{i,j}}^{N}(M^{n_{i,j}\times N})$,即 $M_h^{(\delta+1)^2\times N}$。

输出:所有站点 $b_{i,\delta}$ 上的 $\mathfrak{b}_{i,\delta}^h(k)$。

for $k=1,2,\cdots,N,N+1,\cdots,N+\delta(n)-3$ do
　　$k\rightarrow k'$.
　　if $k>N$ then $N\rightarrow k$;
　　else for $h=0,1,2$ do
　　　　for $v=0,1,2$ do
　　　　　　for $r=1,2,\cdots,k$ do
　　　　　　　　所有 $b_{i,j}\in\mathcal{H}_{h,v}$ 可传输;
　　　　　　　　if $1\leqslant j\leqslant\delta-1$,且
　　　　　　　　　(1) $b_{i,j}$,$j\geqslant1$,已经从 $b_{i,j-1}$ 收到 $\mathfrak{b}_{i,j-1}^h(r)$,且
　　　　　　　　　(2) $b_{i,j+1}$ 还未从 $b_{i,j}$ 收到 $\mathfrak{b}_{i,j}^h(r)$
　　　　　　　　　then $b_{i,j}$ 发送 $\mathfrak{b}_{i,j}^h(r)$ 到 $b_{i,j+1}$;
　　　　　　　　else if $j=0$,且 $b_{i,1}$ 还未从 $b_{i,0}$ 收到 $\mathfrak{b}_{i,0}^h(r)$,
　　　　　　　　　then $b_{i,0}$ 将 $\mathfrak{b}_{i,0}^h(r)$ 发送到 $b_{i,1}$.
　　　　　　end for
　　　　end for
　　　　$k'\rightarrow k$.
　　end for
end for

算法 6.2　垂直骨干聚合

输入：所有站点 $b_{i,\delta}$ 上的 $\mathfrak{b}_{i,\delta}^{h}(k)$。
输出：汇聚节点 s_0 上的 $\mathbf{g}_n^N(M^{n\times N})$。

```
for k = 1, 2, …, N, N+1, …, N+δ(n)−3 do
    k → k'.
    if k > N then N → k;
    else for h = 0, 1, 2 do
        for r = 1, 2, …, k do
            所有 b_{i,δ} ∈ V_{h,δ} 可传输；
            if 1 ≤ i ≤ δ−1, 且
              (1) b_{i,δ}, i ≥ 1, 已经从 b_{i−1,δ} 收到 b^v_{i−1,δ}(r), 且
              (2) b_{i+1,δ} 还未从 b_{i,δ} 收到 b^v_{i,δ}(r)
              then b_{i,δ} 发送 b^v_{i,δ}(r) 到 b_{i+1,δ}；
            else if i = 0, 且 b_{1,δ} 还未从 b_{0,δ} 收到 b^v_{0,δ}(r),
              then b_{0,δ} 将 b^v_{0,δ}(r) 发送到 b_{1,δ}.
        end for
        k' → k.
    end for
end for
```

在垂直骨干阶段的初始状态，所有的站点 $b_{i,\delta}$ 存储着 N 个基于站点 $b_{i,j}$，$0\leqslant j\leqslant\delta$ 的数据的聚合函数值，可记为 $\mathfrak{b}_{i,\delta}^{h}(k)$，$1\leqslant k\leqslant N$。至此，可用一个矩阵 $M_v^{(\delta+1)^2\times N}$ 来表示 $\delta+1$ 个站点拿到的 N 轮数据。记 $b_{i,\delta}$ 以及它的所有后继点为 $D_{i,\delta}^{v}$，从而有 $|D_{i,\delta}^{v}|=\Theta((i+1)\cdot\sqrt{n\log n})$。在垂直骨干阶段，$b_{i,\delta}$ 上的第 k 轮数据的聚合值为

$$\mathfrak{b}_{i,\delta}^{v}(k):=\mathbf{g}_{|D_{i,\delta}^{v}|}(M_v^{|D_{i,\delta}^{v}|\times N}(\cdot,k))$$

其中，$\mathfrak{b}_{0,\delta}^{v}(k)=\mathfrak{b}_{0,\delta}^{h}(k)$，for $k=1,2,\cdots,N$.

采用一个 9－TDMA 机制调度水平骨干，如图 6－3(a)所示，并用一个 3－TDMA 机制调度垂直骨干。设计算法 6.1 和算法 6.2 来调度水平和垂直骨干聚合。两个算法每依次运行一次，在 sink 节点上就可得到 N 轮测量值的聚合值。在表述算法之前，定义两个集合序列：

对 $h=0, 1, 2$ 和 $\upsilon=0, 1, 2$，定义

$$\mathcal{H}_{h,\upsilon} := \{b_{i,j} \mid i \bmod 3 = h, \text{ and } j \bmod 3 = \upsilon\};$$

对 $h=0, 1, 2$，定义

$$\mathcal{V}_{h,\delta} := \{b_{i,\delta} \mid i \bmod 3 = h\}.$$

下面分析聚合容量。由于聚合机制是分层次的，所以将逐个分析。

局部聚合阶段吞吐量：在此阶段，因为可以保证所有的局部链接在 $32\log n$ 个子时间片内可以被调度一次，则以下引理成立。

引理 6.4

在局部聚合阶段，如果每个被调度的链接可以达到速率为 $R_1(n)$，则每条边可以维持的平均速率为 $\Lambda_1(n)=\dfrac{R_1(n)}{32\log n}$，因此，完成 N 轮的局部聚合至多需要的时间为

$$T_1(n)=\frac{N\cdot\log m}{\Lambda_1(n)}=\frac{32N\cdot\log m\cdot\log n}{R_1(n)}.$$

在局部聚合阶段，当不引入 block coding 技术（将在后面介绍）时，所有被传输的数据都是原始的测量值，而不是聚合过的数据，所以这个阶段的吞吐量与具体的聚合函数无关。首先给出 $R_1(n)$ 的阶。

引理 6.5　局部链接速率

在局部聚合阶段，被调度的链接速率可达：

$$R_1(n)=\Omega((\log n)^{-\frac{\alpha}{2}}).$$

证明　采用如图 6－3(b)所示的 4－TDMA 机制调度，运用与引理 3.20 类似的证明方法，可以得证此结论。需要指出，与引理 3.20 不同，这里不是平行调度。

因此，结合引理 6.4 和引理 6.5，我们可以得到：

引理 6.6　局部聚合调度时间

在局部聚合阶段，当不采用 block coding 时，完成 N 轮测量值的局部聚合需要的时间为

$$T_1(n) = O(N \cdot (\log n)^{1+\frac{\alpha}{2}}).$$

骨干聚合阶段吞吐量： 我们首先考虑水平骨干阶段。

引理 6.7

在水平骨干阶段，如果每个被调度的链接可以达到速率为 $R_2^h(n)$，则每条边可以维持的平均速率为 $\Lambda_2^h(n) = R_2^h(n) \cdot \dfrac{N}{9(N+\delta(n)-3)}$。

证明　根据算法 6.1，每条水平骨干可以在 $3\times3\times(N+\delta(n)-3)$ 时间内被调度至少 N 次，因此，可以得证此结论。

下面考虑 $R_2^h(n)$。运用类似于引理 6.5 的方法，可以得到：

引理 6.8　水平骨干速率

在水平骨干阶段，被调度的链接速率可达：

$$R_2^h(n) = \Omega((\log n)^{-\frac{\alpha}{2}}),$$

从而有下面引理。

引理 6.9　水平聚合调度时间

在水平聚合阶段，完成 N 轮数据的水平聚合需要的时间为

$$T_2^h(n) = 9 \cdot \zeta_{\max}^h \cdot (\log n)^{\frac{\alpha}{2}} \cdot (N+\delta(n)-3)$$

其中，

$$\zeta_{\max}^h = \max\{\zeta_{i,j}^h \mid 0 \leqslant i \leqslant \delta-1;\ 0 \leqslant j \leqslant \delta-1\},$$

且 $\zeta_{i,j}^h = \log\left|\mathcal{G}_{|D_{i,j}^h|}\right|$，$\mathcal{G}_{|D_{i,j}^h|}$ 是函数 $\mathbf{g}_{|D_{i,j}^h|}$ 的值域。

证明　在此阶段，站点 $b_{i,j}$ 上的第 k 轮数据的聚合函数值为

$$\mathfrak{b}_{i,j}^{h}(k):=\mathbf{g}_{|D_{i,j}^{h}|}(M_{h}^{|D_{i,j}^{h}|\times N}(\cdot,k)).$$

因为 block coding 技术没有被采用，从而，站点 $b_{i,j}$ 的负载为

$$\Gamma_{i,j}^{h}=\sum_{k=1}^{N}\log|\mathcal{G}_{|D_{i,j}^{h}|}|=N\cdot\zeta_{i,j}^{h},$$

因此，在水平骨干阶段，完成 N 轮数据的水平聚合需要的时间至多为

$$T_{2}^{h}(n)=\frac{N\cdot\zeta_{\max}^{h}}{\Lambda_{2}^{h}(n)}=9\cdot\zeta_{\max}^{h}\cdot(\log n)^{\frac{\alpha}{2}}\cdot(N+\delta(n)-3),$$

我们可以得证此结论。

下面用类似于水平阶段的过程来分析垂直骨干阶段。

引理 6.10

在垂直骨干阶段，每个被调度的链接可达到的速率为 $R_{2}^{v}(n)=\Omega((\log n)^{-\frac{\alpha}{2}})$，则每条边可以维持的平均速率为

$$\Lambda_{2}^{v}(n)=\Omega\left((\log n)^{-\alpha/2}\cdot\frac{N}{3(N+\delta(n)-3)}\right).$$

证明　在此阶段，3 - TDMA 机制被采用。运用类似于引理 6.5 的方法，可以得到 $R_{2}^{v}(n)=\Omega((\log n)^{-\alpha/2})$。根据算法 6.2，每条水平骨干可以在 $3\times(N+\delta(n)-3)$ 时间内被调度至少 N 次，因此，可以得证此结论。

引理 6.11　垂直聚合调度时间

在垂直聚合阶段，完成 N 轮数据的水平聚合需要的时间为

$$T_{2}^{v}(n)=3\cdot\zeta_{\max}^{v}\cdot(\log n)^{\frac{\alpha}{2}}\cdot(N+\delta(n)-3)$$

其中，

$$\zeta_{\max}^{v}=\max\{\zeta_{i,\delta}^{v}\mid 0\leqslant i\leqslant\delta-1\},$$

且 $\zeta_{i,\delta}^{v}=\log|\mathcal{G}_{|D_{i,\delta}^{v}|}|$，$\mathcal{G}_{|D_{i,\delta}^{v}|}$ 是函数 $\mathbf{g}_{|D_{i,\delta}^{v}|}$ 的值域。

证明　在此阶段，站点 $b_{i,\delta}$ 上的第 k 轮数据的聚合函数值为

$$\mathfrak{b}_{i,\delta}^{v}(k):=\mathbf{g}_{|D_{i,\delta}^{v}|}\left(M_{v}^{|D_{i,\delta}^{v}|\times N}(\cdot,k)\right).$$

因为 block coding 技术没有被采用，从而，站点 $b_{i,\delta}$ 的负载为 $\Gamma_{i,\delta}^{v}=N\cdot\zeta_{i,\delta}^{v}$。因此，在垂直骨干阶段，完成 N 轮数据的垂直聚合需要的时间至多为

$$T_2^v(n)=\frac{N\cdot\zeta_{\max}^{v}}{\Lambda_2^v(n)}=3\cdot\zeta_{\max}^{v}\cdot(\log n)^{\frac{\alpha}{2}}\cdot(N+\delta(n)-3),$$

从而可以得证此结论。

根据定义 6.1，得到以下结论：

定理 6.1

在设定 $N=\Omega\left(\frac{\sqrt{n}}{\sqrt{\log n}}\right)$ 的聚合机制 $\mathbf{A}_{N,n}$ 下，聚合吞吐量可达：

$$\Lambda(n)=\Omega\left(\frac{(\log n)^{-\alpha/2}}{\log n+\zeta_{\max}^{h}+\zeta_{\max}^{v}}\right)$$

其中，$\zeta_{\max}^{h}$ 和 $\zeta_{\max}^{v}$ 的定义分别在引理 6.9 和引理 6.11。

证明　首先，考虑 N 轮测量值的总的调度时间 $T(\mathbf{A}_{N,n})$，则显然有 $T(\mathbf{A}_{N,n})=T_1(n)+T_2^h(n)+T_2^v(n)$ 且聚合机制 $\mathbf{A}_{N,n}$ 下的聚合吞吐量的阶为

$$\Lambda(n)=\frac{N\log m}{T_1(n)+T_2^h(n)+T_2^v(n)}$$

基于引理 6.9 和引理 6.11，对 $N=\Omega\left(\frac{\sqrt{n}}{\sqrt{\log n}}\right)$，即 $N=\Omega(\delta(n))$，则有：

$$T_2^h(n) + T_2^v(n) = O(N \cdot (\log n)^{\frac{\alpha}{2}} \cdot (\zeta_{\max}^h + \zeta_{\max}^v)).$$

结合引理 6.6,我们可以证明此结论。

根据以上的分析,$T_2^h(n)$ 和 $T_2^v(n)$ 将依赖于具体的聚合函数类别。下面将定理 6.1 的结果应用到一个特殊例子:divisible perfectly compressible 函数。

(2) 针对 Divisible Perfectly Compressible 聚合函数的吞吐量

根据 divisible perfectly compressible 聚合函数(DPC - AF)的特点,通过定理 6.1 我们得到,

定理 6.2

针对 DPC - AFs,在设定 $N = \Omega\left(\frac{\sqrt{n}}{\sqrt{\log n}}\right)$ 的聚合机制 $\mathbf{A}_{N,n}$ 下,聚合吞吐量可达:

$$\Lambda(n) = \Omega((\log n)^{-\frac{\alpha}{2}-1}).$$

证明　根据引理 6.1,对于 DPC - AFs,有

$$\zeta_{\max}^h \leqslant \max\{\log |\mathcal{G}_{|D_{i,j}^h|}|\} = \Theta(\log m).$$

类似地,$\zeta_{\max}^v = O(\log m)$。由于 $m = \Theta(1)$,利用定理 6.1 得证此定理。

(3) 针对 Type-Threshold DPC - AFs 的聚合机制

由于感知的测量值是周期性产生的,从而函数值需要重复的计算。因此,这里就使得引入 block coding 技术成为可能[93]。Block coding 技术通常会结合连续的函数计算。这种技术能够显著地提高 type-threshold 函数在同位网络中(collocated network,其干扰图为一个完全图)的吞吐量。给定一轮测量值,记为一个 n 维的向量 $M^n \in \mathcal{M}^n$,max、min、range 和 indicator 等函数都属于 type-threshold 函数。首先介绍[93]中的一个结论([93]中的定理 4)。

引理 6.12

在协议模型下，一个同位网络针对 type-threshold 函数的聚合容量为 $\Theta(1/\log n)$。

在我们的机制 $\mathbf{A}_{N,n}$ 下，在每个格子中，子图的通信图可以看做是一个具有 $\Theta(\log n)$ 个顶点的同位图，任意两条边都不能同时调度。从而，这就有可能通过将 block coding 技术引入 $\mathbf{A}_{N,n}$ 中得以提高系统的吞吐量。要解决的主要问题是如何将引理 6.12 的结果扩展到一般物理模型下。分析一下引理 6.12 的证明过程：令 $N=\Theta(n)$，假设每个成功的传输都可达到常数的速率，并证明需要 $O(n\log n)$ 个时间片来完成 N 轮测量值的聚合。因此，由于在聚合机制 $\mathbf{A}_{N,n}$ 下，成功传输的速率为 $\Omega((\log n)^{-\alpha/2})$ 而不是常数速率，我们有：

引理 6.13

在一般物理模型下，通过设定 block coding 的块长度为 $N_b=\Theta(\log n)$，则局部聚合 $N=\Omega(\log n)$ 轮测量值需要耗费时间为

$$T_1^{bc}(n)=O(N\cdot(\log n)^{\frac{\alpha}{2}}\cdot\log\log n).$$

引理 6.13 成立的条件是 $N=\Omega(\log n)$，这与定理 6.1 和定理 6.2 中的条件 $N=\Omega\left(\frac{\sqrt{n}}{\sqrt{\log n}}\right)$ 不冲突。因此，可以通过引入 block coding 技术来修改机制 $\mathbf{A}_{N,n}$，记为 $\mathbf{A}_{N,n}^{bc}$。最后我们有：

定理 6.3

针对 DPC - AFs，在设定 $N=\Omega\left(\frac{\sqrt{n}}{\sqrt{\log n}}\right)$ 的聚合机制 $\mathbf{A}_{N,n}^{bc}$ 下，聚合吞吐量可达

$$\Lambda(n)=\Omega\left((\log n)^{-\frac{\alpha}{2}}\cdot\frac{1}{\log\log n}\right).$$

证明　通过引入 block coding 技术，

$$T(\mathbf{A}_{N,n}^{bc}) = T_1^{bc}(n) + T_2^{h}(n) + T_2^{v}(n) = O(N \cdot (\log n)^{\frac{\alpha}{2}} \cdot \log\log n),$$

则根据定义 6.1,可以证明此结论。

6.1.4　聚合容量的上界

本节计算 type-sensitive DPC - AFs 和 type-threshold DPC - AFs在随机扩展网中的聚合容量上界。

(1) 针对 Type-Sensitive DPC - AFs 的容量上界

定理 6.4

在 RE - WSN 中针对 type -sensitive DPC - AFs 的聚合容量的阶 $O((\log n)^{-\frac{\alpha}{2}-1})$。

证明　根据引理 6.2,在任意的聚合路由树当中,以高概率存在一条长度为 $\Omega(\sqrt{\log n})$ 的边,记为 uv, 在这条边的容量上界为

$$B\log\left(1+\frac{(\kappa_1\sqrt{\log n})^{-\alpha}}{N_0}\right) = O((\log n)^{-\frac{\alpha}{2}}),$$

其中，$\kappa_1 > 0$ 是个常数。根据 type-sensitive DPC - AFs 的属性,完成来自所有传感器上的 N 轮测量值的聚合需要经过$\kappa_2 \cdot nN \cdot (\log n)^{\frac{\alpha}{2}}$ 个传输,其中，$\kappa_2 > 0$ 是个常数(其具体取值不影响最终结果的阶)。通过一个类似于引理 6.3 的证明过程,可以得到网格 $\mathbb{L}\left(\sqrt{n}, \frac{2}{\kappa_2}\sqrt{\log n}, 0\right)$ 中的每个格子至少要进行 $\kappa_3 \log n$ 次传输,其中，$1/2 < \kappa_3 < 8$。因为一般物理模型下 arena-bounds 的阶为 $O(\log n)$ [69,71],则 $\kappa_3 \log n$ 个传输汇聚到 μ 个接收点时,其总速率阶为 $O(\mu(\log n)^{-\alpha/2})$，其中，$\mu = O(\log n)$。对任意聚合树,考虑 $\mathbb{L}\left(\sqrt{n}, \frac{2}{\kappa_2}\sqrt{\log n}, 0\right)$ 中的格子,从最远(跳数距离)的格子到包含 sink

的格子一定存在一种情况是 $\mu=\Theta(1)$，因为所有数据必须汇聚到 sink 节点上。在这种情况下，$\kappa_3\log n$ 个传输共用 $O((\log n)^{-\alpha/2})$ 阶的总速率，且需要完成聚合时间为 $\Omega(nN(\log n)^{\frac{\alpha}{2}+1})$。因此，聚合容量的上界为

$$\frac{nN}{\Omega(nN(\log n)^{\frac{\alpha}{2}+1})}=O((\log n)^{-\frac{\alpha}{2}-1}).$$

(2) 针对 Type-Threshold DPC - AFs 的容量上界

定理 6.5

在 RE - WSN 中针对 type-threshold DPC - AFs 的聚合容量的阶 $O\left(\frac{(\log n)^{-\frac{\alpha}{2}}}{\log\log n}\right)$。

证明 对于 type-threshold DPC - AFs，通过类似于定理 6.4 的过程并根据[93]中的定理 4，当每个传感器产生 N 轮测量值时，网格 $\mathbb{L}(\sqrt{n},\kappa_4\sqrt{\log n},0)$ 中的格子必须进行至少 $\kappa_5 N\log\log n$ 次传输，其中，κ_4，$\kappa_5>0$ 是两个常数。从而，存在一层其聚合需要时间至少为

$$\frac{\Omega(N\log\log n)}{O((\log n)^{-\frac{\alpha}{2}})}=\Omega(N\log\log n\cdot(\log n)^{\frac{\alpha}{2}}).$$

结合考虑下界(定理 6.2 及定理 6.3)和上界(定理 6.4 及定理 6.5)，有

定理 6.6

在 RE - WSN 中针对 type-sensitive DPC - AFs 和 type-threshold DPC - AFs的聚合容量的阶分别为 $\Theta((\log n)^{-\frac{\alpha}{2}-1})$ 和 $\Theta\left(\frac{(\log n)^{-\frac{\alpha}{2}}}{\log\log n}\right)$。

6.1.5 多 Sink 提高网络聚合吞吐量

根据定理 6.1、定理 6.2 和定理 6.3，得知即使引入 block coding 技术，系统瓶颈仍然是在局部聚合阶段。更为具体地说，每个局部同位图的大小

(顶点数目)都太大。从而开始考虑如何减小这种局部同位图的大小以提高网络吞吐量。为此,引入并行调度技术[80]。

(1) 并行聚合机制

根据引理 6.3,$\mathbb{L}_1$ 中的格子包含的节点数目范围为 $(\log n/2,\ 8\log n)$。因此,直观地看,从每个格子中随机选取 $\log n/2$ 个节点作为站点,则在 $\mathbb{L}_1$ 的每行(列)中将可以构建 $\log n/2$ 条聚合骨干。然而,每条骨干的速率不会超过机制 $\mathbf{A}_{N,n}$ 下骨干速率。因此,可尝试同时调度多条骨干上的链接,且保持速率为 $\Omega((\log n)^{-\alpha/2})$。记这种新的机制为 $\mathbf{A}_{N,n}^{p}$。与 $\mathbf{A}_{N,n}$ 类似,机制 $\mathbf{A}_{N,n}^{p}$ 也是分为两个阶段:局部聚合阶段和骨干聚合阶段,且骨干聚合阶段可进一步分为水平骨干和垂直骨干阶段。

骨干聚合阶段: 记 $\mathbb{L}_1$ 中格子 $C_{i,j}$ 里的聚合站点为 $b_{i,j}(\iota)$,$1\leqslant\iota\leqslant\dfrac{\log n}{2}$。从而,可用图 6-5 所示的方法来构造水平骨干:

- 当 i 为偶数时,对所有的 j 为偶数的站点 $b_{i,j}(\iota)$,一对一连接起来。
- 当 i 为奇数时,对所有的 j 为奇数的站点 $b_{i,j}(\iota)$,一对一连接起来。

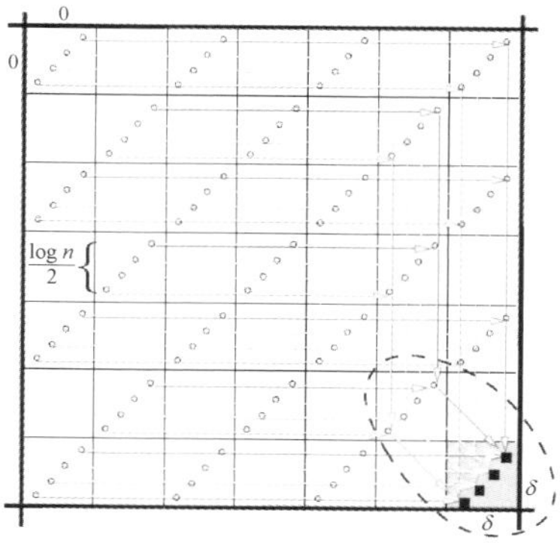

图 6-5　并行聚合骨干

与之类似,可以在第 $\delta-1$ 列和第 δ 列构造垂直骨干。注意,不是所有的格子中,都设立站点。

为了描述方便,不失一般性,假设 δ 是偶数。在水平骨干聚合阶段,数据将被聚合到两列中的站点上;在垂直骨干聚合阶段,数据将被聚合到格子 $C_{\delta-1\delta-1}$ 和 $C_{\delta,\delta}$ 中的站点上。当 δ 为奇数时,数据最终将聚合到格子 $C_{\delta-1\delta}$ 和 $C_{\delta,\delta-1}$ 中。

现在,关键的问题是如何调度聚合骨干以提高骨干总速率。采用一个

4 - TDMA机制调度水平骨干，记为 $\mathbf{H}_{N,n}^{p}$，其中一个调度单元由 2×4 个格子组成，如图 6 - 6(a)所示。因为每个调度单元中只有 4 个格子需要被调度，因此需要 4 个调度时间片来完成一次调度。与之类似，可采用另一个4 - TDMA机制，记作 $\mathbf{V}_{N,n}^{p}$，来调度垂直骨干，如图 6 - 6(b)所示。对于 $\mathbf{H}_{N,n}^{p}$ 和 $\mathbf{V}_{N,n}^{p}$，关键的技术是允许 $\log n/2$ 个站点同时被调度以使得骨干总速率得到提高。

运用类似于引理 3.17 的证明方法，可以得到：

引理 6.14

在调度机制 $\mathbf{H}_{N,n}^{p}$（或 $\mathbf{V}_{N,n}^{p}$）下，每条水平（或垂直）骨干的速率都可达到 $\Omega((\log n)^{-\alpha/2})$。

骨干聚合阶段：先讨论如何有效率地将测量值收集到站点上来。仍旧将一个调度单元定义为一个 2×4 的格子集合，如图 6 - 6(a)所示。具体来讲，用 $U_{h,v}$ 来表示一个调度单元，其由格子

$$\{C_{2h,4v},C_{2h,4v+1},C_{2h,4v+2},C_{2h,4v+3},C_{2h+1,4v},$$
$$C_{2h+1,4v+1},C_{2h+1,4v+2},C_{2h+1,4v+3}\}$$

（如果存在）组成。从而，并行路由和调度机制可以如下描述（为了简化描述，令 $t_0-t_1: C_{i,j}\Rightarrow C_{k,l}$ 表示在调度时间片 t_0-t_1 中，所有来自格子 $C_{i,j}$ 中点的测量值均匀地聚合到格子 $C_{k,l}$ 中的 $\frac{\log n}{2}$ 个站点上）：调度 $\mathcal{U}_{h,v}$ 中的所有链接需要时间为 128 个调度时间片。

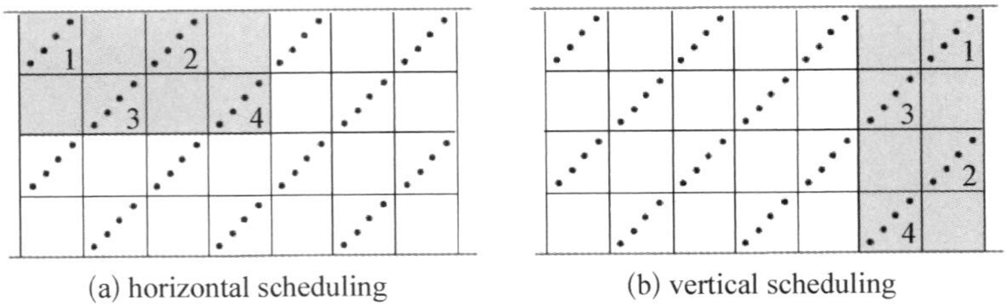

图 6 - 6　并行聚合骨干调度

1	-	16	:	$C_{2h,\,4v}$	$\Rrightarrow C_{2h,\,4v+2}$
17	-	32	:	$C_{2h,\,4v+1}$	$\Rrightarrow C_{2h+1,\,4v+3}$
33	-	48	:	$C_{2h,\,4v+2}$	$\Rrightarrow C_{2h,\,4v}$
49	-	64	:	$C_{2h,\,4v+3}$	$\Rrightarrow C_{2h+1,\,4v+1}$
65	-	80	:	$C_{2h+1,\,4v}$	$\Rrightarrow C_{2h,\,4v+2}$
81	-	96	:	$C_{2h+1,\,4v+1}$	$\Rrightarrow C_{2h+1,\,4v+3}$
97	-	112	:	$C_{2h+1,\,4v+2}$	$\Rrightarrow C_{2h,\,4v}$
113	-	128	:	$C_{2h+1,\,4v+3}$	$\Rrightarrow C_{2h+1,\,4v+1}$

在以上的调度机制中，每个链接的长度为 $\Omega(\sqrt{\log n})$。根据引理 6.14，可以同时调度 $\log n/2$ 个站点，且保证每条边的速率保持在 $\Omega((\log n)^{-\alpha/2})$。另一方面，调度所有从一个格子中的点到另外一个格子中的站点的链接，需要的时间至多为 16 个调度时间片。

（2）并行聚合机制下的聚合吞吐量

首先，对于局部聚合阶段，则有：

引理 6.15

在并行聚合机制 $\mathbf{A}_{N,\,n}^{p}$ 下，完成 N 轮测量值的局部聚合所需的时间为

$$T_1^p = \Omega(N \cdot (\log n)^{\alpha/2}).$$

下面，来考虑骨干阶段。在并行机制 $\mathbf{A}_{N,\,n}^{p}$ 下，对所有 $i,\ j,\ \iota$，记 $b_{i,\,j}(\iota)$ 及其所有后继的集合为 $\mathcal{D}_{i,\,j}^{p;\,h}$；对所有 $i,\ \iota$ 和 $j=\delta-1,\ \delta$，记 $b_{i,\,j}(\iota)$ 及其所有后继的集合为 $\mathcal{D}_{i,\,j}^{p;\,v}$。因为有 $\dfrac{\log n}{2}$ 个站点分担每个格子的负担，因此有：

$$|\mathcal{D}_{i,\,j}^{p;\,h}(\iota)| = \Theta\left(\frac{2}{\log n}\right)\cdot|\mathcal{D}_{i,\,j}^{h}|;\ |\mathcal{D}_{i,\,j}^{p;\,v}(\iota)| = \Theta\left(\frac{2}{\log n}\right)\cdot|\mathcal{D}_{i,\,\delta}^{v}|.$$

从而，在水平和垂直骨干阶段，第 k 轮测量值在站点 $b_{i,\,j}(\iota)$ 上产生的负载为

$$\zeta_{i,j}^{p,h}(\iota)=\log\left|\mathcal{G}_{|\mathcal{D}_{i,j}^{p,h}|}\right| \text{ and } \zeta_{i,j}^{p,v}(\iota)=\log\left|\mathcal{G}_{|\mathcal{D}_{i,j}^{p,v}|}\right|,$$

进一步定义

$$\zeta_{\max}^{p,h}:=\max_{i,j,\iota}\zeta_{i,j}^{p,h}(\iota),\ \zeta_{\max}^{p,v}:=\max_{i,j,\iota}\zeta_{i,j}^{p,v}(\iota),$$

运用类似于引理 6.9 和引理 6.11 的证明过程,则有:

引理 6.16

在并行聚合机制 $\mathbf{A}_{N,n}^{p}$ 下,完成 N 轮测量值的骨干聚合所需的时间为

$$T_2^{p,h}(n)=O((\zeta_{\max}^{p,h}+\zeta_{\max}^{p,v})\cdot(\log n)^{\frac{\alpha}{2}}\cdot(N+\delta(n)))$$

结合引理 6.15 和引理 6.16,则有:

定理 6.7

在并行聚合机制 $\mathbf{A}_{N,n}^{p}$ 下,设定 $N=\Omega\left(\frac{\sqrt{n}}{\sqrt{\log n}}\right)$,将测量值聚合在无穷小比例$\left(\text{即}, \frac{4\log n}{n}\right)$的区域中的 $\Theta(\log n)$ 个 sink 节点上,可达吞吐量为

$$\Lambda(n)=\Omega\left(\frac{(\log n)^{-\alpha/2}}{1+\zeta_{\max}^{p,h}+\zeta_{\max}^{p,v}}\right)$$

对于 DPC - AFs,吞吐量可达 $\Lambda(n)=\Omega((\log n)^{-\alpha/2})$。

(3) 结论的相关含义

缓解干扰限制(Interference-limitedness): 根据引理 6.2,任意的聚合树中,都以高概率存在一条长度为 $\Omega(\sqrt{\log n})$ 的边,由于能量限制(power-limitedness),边的速率为 $O((\log n)^{-\alpha/2})$。根据定理 6.7,这个上界实际上通过从一个相对无穷小的区域内随机选取 $\Theta(\log n)$ 个传感器作为 sink 节点得以达到。

多 sink 节点的增益： 通过增加 sink 可以提升系统吞吐量，这是显而易见的。这里，我们讨论以下两个问题：

1）为什么不直接从整个部署区域随机选取传感器作为 sink 节点？原因有两个方面：① 通常来讲，每个 sink 节点要通过一个可靠链接连接到一个处理站点（比方说计算机），且需要保证稳定的能源供给。从而，将 sink 节点部署在较小的区域内，对于整个网络的管理和部署来讲，会更加方便。② 从整个部署区域随机选取传感器作为 sink 节点实际上并不能提高系统吞吐量的阶。一个直观的解释是：将网络等分为 $\Theta(\log n)$ 个子区域，然后从每个区域内随机选取一个传感器作为 sink 节点来负责本子区域的数据汇集。通过这种方法不能增加吞吐量的阶，因为子区域的面积为 $\Theta(n/\log n)$，其仍旧太大而不能缓解整个网络的瓶颈。

2）是否能够通过增加 sink 节点的数目来进一步提高系统的吞吐量？增加大量 sink 节点显然能够提高网络吞吐量。一个极端的例子便是所有的传感器都被作为 sink 节点。当然，这是不现实的。实际上，猜想当 sink 节点的数目限制在 $O(n/\log n)$ 的条件下，定理 6.7 中给出的吞吐量将是最优的（只需要设定 $\Theta(\log n)$ 个 sink 节点）。

6.2　针对一般密度随机无线传感器网络的可扩展聚合协议

上一节中，给出了随机扩展 WSN 的聚合容量。本节将展开对一般密度的随机 WSN 的数据聚合的研究。本书设计两种基于结构的聚合机制已达到聚合吞吐量和汇集效率的权衡。这里汇集效率是指其测量值被 sink 点成功收到的传感器的数量与网络传感器总数量的比率。由于感知环境潜在的空间相关性[161,162]，只汇集相当数量节点的测量值是合理的。在如此的机制下,对每个节点的邻居节点,近似地选取 Ψ 比例的节点,并把它们的测量值聚合到 sink 点上。这种取样方法能够保证在满足空间覆盖的前提下达到更高的系统吞吐量。

6.2.1 本章介绍

本章主要考虑 DPC - AFs。首先介绍与已有工作相比,本书的特点。

针对具体的应用需求,比如,完全覆盖、k -覆盖、连通性等,节点的部署密度通常是一个变化范围很大的变量。因此,考虑一般密度 (λ, $1 \leqslant \lambda \leqslant n$) 的随机 WSN,而不是像大多已有工作那样考虑两个特例,即,随机密集 WSN($\lambda = n$ [83,89,93,106,160])和随机扩展 WSN ($\lambda = 1$ [152])。

在针对随机 WSN 的基于结构的聚合机制下,给定函数的聚合吞吐量主要受限于以下两个因素:

● 异类点(Outliers):在随机网络中,给定链接长度的上限,将存在一个大连通分支(Giant Connected Component),其中任意节点对可以通过一系列符合长度的链接连通起来[163]。然而,可能有些点远离(不属于这个连通分支),称作 outliers。为了达到这些点,需要一些更长的链接从而导致更低的链接速率。

● 密集分支(Dense Components):给定一个确定性路由,在其链接的冲突图当中,可能有一些团图(clique)的顶点数目非常大。从而,调度这些对应的边的过程将可能成为系统瓶颈。

为了克服以上的限制,设计两个有效的机制以提高网络的吞吐量和汇集效率的权衡。

● 单一链接长度(SLH)机制:该机制是无层次的结构,由相同阶长度的链接构成。依据给定的汇集效率下界,在局部区域选取一定数量的节点,以缓解密集分支限制的方法来提高网络的聚合吞吐量。

● 复合链接长度(MLH)机制:该机制是层次化的结构,由多种不同阶长度的链接构成。依据给定的汇集效率下界，从局部选取一定数量的节点并限制长跳的长度，以同时缓解两个限制的方法来提高网络吞吐量。

本工作的主要贡献为：

- 可扩展性是评价网络协议的重要参数。证明在复合链接长度(MLH)机制下，来自 $\Theta(n)$ 个传感器的测量值能以阶为 $\Theta(1)$ 的吞吐量聚合到 sink 节点上，这就意味着，MLH 机制实际上是可扩展的。这是第一个针对随机扩展 WSN 的、基于结构的可扩展聚合协议。
- 结合单一链接长度(SLH)机制和复合链接长度(MLH)机制，为一般密度的随机 WSN，针对 DPC - AFs，推导出聚合吞吐量和汇集效率间的最优权衡。当把汇集效率设为 1 时，本书中基于汇集效率的聚合吞吐量将特殊化为上一节介绍的一般聚合吞吐量。
- 对于 tpye-threshold DPC 聚合函数，把 block coding 技术引入到单一链接长度机制，以此进一步提高聚合吞吐量和汇集效率的权衡。

6.2.2　系统模型

先介绍本书的系统模型，包括：部署模型、基于汇集效率的聚合吞吐量定义以及聚合吞吐量和汇集效率的权衡定义。

(1) 网络部署模型

设定网络的部署模型为 $\mathcal{N}_p(n, \lambda)$。从而，RD - WSN 和 RE - WSN 分别对应于 $\mathcal{N}_p(n, n)$ 和 $\mathcal{N}_p(n, 1)$。

(2) 汇集效率和聚合吞吐量

记一个聚合机制为 $\mathbf{A}_{N,n}(\mathcal{S}(\Psi \cdot n))$，其中，

- $\mathcal{S}(\Psi \cdot n) \subseteq \mathcal{S}(n) = \{s_i, 0 \leqslant i \leqslant n-1\}$，$\Psi \in (0, 1]$ 用来衡量汇集效率。
- 输入任意来自 $\mathcal{S}(\Psi \cdot n)$ 中的传感器的测量值 $M^{(\Psi \cdot n) \times N} \in \mathcal{M}^{(\Psi \cdot n) \times N}$，在 sink 节点输出 $\mathcal{g}^N_{(\Psi \cdot n)}(M^{(\Psi \cdot n) \times N})$。

定义 6.5　基于汇集效率的可达聚合吞吐量

一个吞吐量 $\Lambda(n)=(N\cdot\log m)/T$ 对函数 $\mathbf{g}_n$ 是 Ψ-可达的，如果存在一个聚合机制 $\mathbf{A}_{N,n}(\mathcal{S}(\Psi\cdot n))$，在该机制下有一个节点集合 $\mathcal{S}(\Psi\cdot n)$，使得对应的任意 $M^{(\Psi\cdot n)\times N}\in\mathcal{M}^{(\Psi\cdot n)\times N}$ 用时 T 可以被聚合到 sink 节点上得到 $\mathbf{g}_n^N(M^{n\times N})$。

基于定义 6.5，则有：

- 定义 6.1 定义的一般可达聚合吞吐量实际上是 1-可达的。
- 当 $\liminf_{n\to\infty}\Psi=1$ 时，称 Ψ-可达是渐近 1-可达，或直接称为渐近可达的。
- 称比率 Ψ 为给定聚合机制 $\mathbf{A}_{N,n}(\mathcal{S}(\Psi\cdot n))$ 的汇集效率。

(3) 聚合吞吐量和汇集效率的权衡

定义聚合吞吐量 $\Lambda(\lambda,n)$ 和汇集效率 $\Psi(n)$ 之间的权衡为

$$\Phi(\lambda,n)=\Lambda(\lambda,n)\cdot\Psi(n).$$

定义 6.6　可扩展聚合机制

一个聚合机制 $\mathbf{A}_{N,n}(\mathcal{S}(\Psi\cdot n))$ 是可扩展的，如果

$$\Phi(\lambda,n)=\Lambda(\lambda,n)\cdot\Psi(n)=\Theta(1),$$

即 $\Lambda(\lambda,n)=\Theta(1)$ 且 $\Psi(n)=\Theta(1)$，其中 $\Lambda(\lambda,n)$ 是机制 $\mathbf{A}_{N,n}(\mathcal{S}(\Psi\cdot n))$ 下达到的吞吐量。

6.2.3　随机传感器网络的聚合机制

设计两个聚合机制：单一链接长度机制和复合链接长度机制。

(1) 单一链接长度机制

基于机制网格(定义 3.7) $\mathbb{L}_2=\mathbb{L}(\sqrt{n/\lambda},\sqrt{z\cdot\ln n/\lambda},0)$ 来设计聚合机制 $\dot{\mathbf{A}}_{N,n}(\mathcal{S}(\Psi\cdot n))$。根据引理 3.2 可得，每个格子中的节点数目的范围

为 $[(1-\varepsilon_4)\ln n, (1+\varepsilon_5)\ln n]$，其中 ε_4 和 ε_5 是依赖于 z 的满足表6-1中条件的常数。记左下角的格子为原点(0, 0)，按照从左到右、从下到上的顺序给每个格子一个二维坐标，即左上格子为 (δ, δ)，其中 $\delta=\delta(n)=\sqrt{n/\ln n}-1$。为不失一般性，假设 sink 节点位于格子 (δ, δ) 中。随机从每个格子中选取一个节点作为聚合站点，并仍旧将聚合站点的集合记为 $\mathcal{B}$，则有 $|\mathcal{B}|=n/(z\ln n)$。令 $b_{i,j}\in\mathcal{B}$ 表示格子 (i, j) 中的站点。下面来具体介绍机制 $\dot{\mathbf{A}}_{N,n}(\mathcal{S}(\Psi\cdot n))$。

表6-1　相关常数的预设条件

常数范围	常数满足条件
$c\in(0, \infty)$	$c^2>\ln 6$
$\kappa\in(0, \infty)$	$\kappa>2/(c^2-\ln 6)$
$\tilde{\omega}\in(0, \infty)$	$\tilde{\omega}<(\kappa\cdot(c^2-\ln 6)-2)/(\ln(1-e^{-c^2})+c^2)$
$\varepsilon_1\in(0, \infty)$	任　意
$\varepsilon_2\in(0, 1)$	$\varepsilon_2+(1-\varepsilon_2)\ln(1-\varepsilon_2)>0$
$\varepsilon_3\in(0, \infty)$	$(1+\varepsilon_3)\ln(1+\varepsilon_3)-\varepsilon_3>0$
$\varepsilon_4\in(0, 1)$	$\varepsilon_4+(1-\varepsilon_4)\ln(1-\varepsilon_4)>1/z$，对 $z\in(0, \infty)$
$\varepsilon_5\in(0, \infty)$	$(1+\varepsilon_5)\ln(1+\varepsilon_5)-\varepsilon_5>1/z$，对 $z\in(0, \infty)$
$\varepsilon_6\in(0, \infty)$	$\sigma\lambda\cdot((1+\varepsilon_6)\cdot\ln(1+\varepsilon_6)-\varepsilon_6)+\ln\sigma\lambda=o(\ln n)$
$\varepsilon_7\in(0, \infty)$	任　意
$\varepsilon_8\in(0, 1)$	$\varepsilon_8=(1+\varepsilon_3)\cdot(1+\varepsilon_7)\cdot(e^{\varepsilon_6}/(1+\varepsilon_6)^{1+\varepsilon_6})^{c^2}$
$\varepsilon_9\in(0, 1)$	$\varepsilon_9\geq\varepsilon_2+\varepsilon_8$

局部聚合： 在 $\mathbb{L}_2$ 中的每个格子里，随机选取 $\beta\cdot\ln n$ 个传感器节点(如果有)，其中，

$$\beta = \max\left\{\Psi \cdot (1+\varepsilon_5),\ \frac{1}{\ln n}\right\}.$$

N 轮的测量值以单跳的形式聚合到站点上；所有传输用一个 4 - TDMA 机制调度，如图 6 - 7(a)所示。

水平骨干聚合： 每个聚合存储的 N 轮数据按从左至右的顺序以流水线的方式聚合到相邻的聚合站点上(类似于算法 6.1)；所有传输用一个 9 - TDMA 机制调度，如图 6 - 7(b)所示。

垂直骨干聚合： 第 δ 列中的每个聚合站点存储的 N 轮数据按从下至上的顺序以流水线的方式聚合到相邻的聚合站点上(类似于算法 6.1)；所有传输用一个 3 - TDMA 机制调度，如图 6 - 7(b)所示。

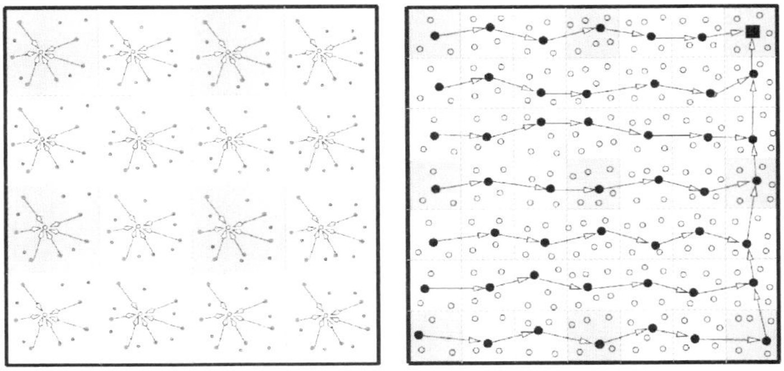
(a) Local Selection and Aggregation　　(b) Aggregation Backbones

图 6 - 7　单一链接长度机制

(2) 复合链接长度机制

基于机制网格 $\mathbb{L}_3 = \mathbb{L}(\sqrt{n/\lambda},\ c/\sqrt{\lambda},\ \pi/4)$ 来设计聚合机制 $\ddot{\mathbf{A}}_{N,n}(\mathcal{S}(\Psi \cdot n))$，其中 $c > 0$ 是一个满足表 6 - 1 中条件的常数。从每个非空的格子中选取一个节点作为聚合站点，则可以依据[68]中的方法构建聚合骨干，如图 6 - 8 所示。可称骨干上的聚合站点为骨干站点，称其他的聚合站点为外围站点。所有的外围站点可以通过一个单跳传输接入骨干站点。

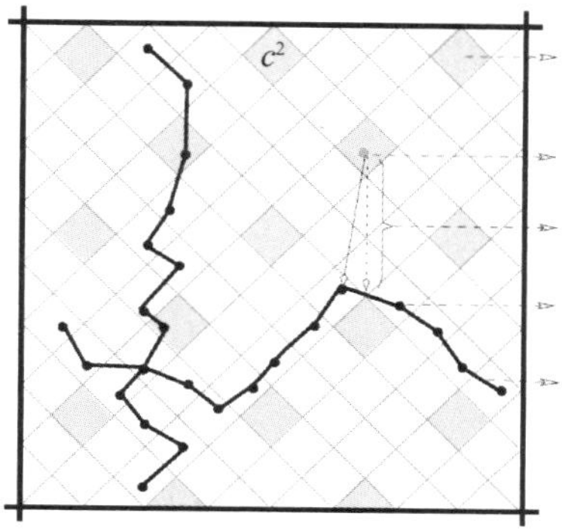

图 6-8　复合链接长度机制中聚合骨干的构建

对一给定常数 $\kappa > 0$，将机制网格 $\mathbb{L}_3$ 分割成水平（垂直）长方块，其水平（垂直）长度为$\sqrt{n/\lambda}$ 垂直（水平）长度为

$$w_R = (\kappa \ln m) \cdot c\sqrt{2/\lambda},$$

其中，$m = \sqrt{n}/(\sqrt{2}c)$。我们假设 $m/(\kappa \ln m)$（表示长方块的数量）是一个整数。从而，根据[68]中的定理 5，我们有：

引理 6.17

对任意常数 c 和 κ，若满足

$$0 < \frac{2}{c^2 - \ln 6} < \kappa < \infty,$$

则存在一个依赖于 c 和 κ 的常数 $\bar{\omega}$ 使得对所有水平（垂直）块，有至少 $\bar{\omega} \cdot \ln m$ 条水平（垂直）聚合骨干，其中

$$0 < \bar{\omega} < \frac{\kappa \cdot (c^2 - \ln 6) - 2}{\ln(1 - e^{-c^2}) + c^2}.$$

当聚合骨干建成之后，每个长方块的格子可以平均分配给 $\bar{\omega} \cdot \ln m$ 条骨干。比方说，可以将每个长方块分成 $\bar{\omega} \cdot \ln m$ 个条，且每个条对应于一条

特定的骨干。无论如何，一个外围站点和对应的骨干站点的距离范围为 $(0, w_R]$。现在我们给出聚合机制 $\ddot{\mathbf{A}}_{N,n}(\mathcal{S}(\Psi \cdot n))$ 的详细介绍。相关常数见表 6－1 的定义。

选样： 选择一系列包含聚合站点的格子组成集合 $\mathcal{C}(\Psi)$，使得每个聚合站点与其对应的聚合骨干的距离不超过 $\gamma \cdot w_R$，其中，

$$\gamma = \max\left\{\frac{\Psi}{1-\varepsilon_9} - \frac{\bar{\omega}}{\kappa}, 0\right\}.$$

局部聚合： 在 $\mathcal{C}(\Psi)$ 中的每个格子里，随机选择至多 $\mathfrak{c} = [(1+\varepsilon_6) \cdot c^2]$ 个传感器节点（如果有），其中，$\varepsilon_6 > 0$ 是根据表 6－1 中的条件，令 $\sigma \cdot \lambda = c^2$ 取得的；N 轮测量值在所选格子中以单跳聚合到对应的聚合站点上；所有传输用一个基于 $\mathbb{L}_3$ 的 4－TDMA 机制调度。

注入聚合： 所有 $\mathcal{C}(\Psi)$ 中的外围站点将 N 轮数据通过距离至多为 $\gamma \cdot w_R$ 的单跳聚合到对应的骨干站点上；所有传输用一个基于 $\mathbb{L}_3$ 的 K^2－TDMA 机制调度，其中，

$$K = 2 \cdot \left(\left[\frac{\gamma \cdot w_R}{c/\sqrt{\lambda}}\right] + 1\right).$$

水平骨干聚合： 所有骨干节点上的 N 轮数据按从左至右的顺序以流水线的方式聚合到相邻的骨干站点上（类似于算法 6.1），直到聚合到 sink 节点 s_0 所在的聚合骨干上，记为 $\mathfrak{b}_{s_0}$；所有传输以一个基于 $\mathbb{L}_3$ 的 9－TDMA 机制调度，如图 6－7(b)所示。

垂直骨干聚合： 所有 $\mathfrak{b}_{s_0}$ 上的骨干节点上的 N 轮数据按从下至上的顺序以流水线的方式聚合到相邻的骨干站点上（类似于算法 6.2），直到聚合到 sink 节点 s_0；所有传输以一个基于 $\mathbb{L}_3$ 的 3－TDMA 机制调度。

6.2.4　可达的聚合吞吐量

（1）单一链接长度机制下的可达吞吐量

首先根据机制 $\dot{\mathbf{A}}_{N,n}(\mathcal{S}(\Psi\cdot n))$ 的第一步，选择的传感器数量至少为 $\Psi\cdot n$，从而有：

引理 6.18

在机制 $\dot{\mathbf{A}}_{N,n}(\mathcal{S}(\Psi\cdot n))$ 下导出的吞吐量是 Ψ-可达的。

定理 6.8

针对 DPC-AFs，在设定 $N=\Omega\left(\frac{\sqrt{n}}{\sqrt{\log n}}\right)$ 的聚合机制 $\dot{\mathbf{A}}_{N,n}(\mathcal{S}(\Psi\cdot n))$ 下，聚合吞吐量可达：

$$\Lambda_1(\lambda,n)=\begin{cases}\Omega\left(\dfrac{1}{\beta\cdot\log n}\right) & \text{when}\quad \lambda:[\log n,\ n]\\ \Omega\left(\dfrac{\lambda^{\alpha/2}}{\beta\cdot(\log n)^{1+\frac{\alpha}{2}}}\right) & \text{when}\quad \lambda:[1,\ \log n]\end{cases}$$

其中，

$$\beta=\max\left\{\Psi\cdot(1+\varepsilon_5),\ \frac{1}{\ln n}\right\}.$$

（2）复合链接长度机制下的可达吞吐量

首先有：

引理 6.19

在机制 $\ddot{\mathbf{A}}_{N,n}(\mathcal{S}(\Psi\cdot n))$ 下导出的吞吐量是 Ψ-可达的。

该引理可通过以下这个引理和引理 3.2 证明。

引理 6.20

考虑 n 个随机变量 $X_i\in\{0,1\}$，令 $p=\Pr(X_i=1)$ 且令 $X=$

$\sum_{i=1}^{n} X_i$。从而有：

$$\Pr(X \leqslant x) \leqslant e^{\frac{-2(np-x)^2}{n}}, \quad \text{when} \quad 0 < x \leqslant np.$$

$$\Pr(X > x) < \frac{x(1-p)}{(x-np)^2}, \quad \text{when} \quad x > np.$$

定理 6.9

针对 DPC - AFs，在设定 $N = \Omega(\sqrt{n})$ 的聚合机制 $\ddot{\mathbf{A}}_{N,n}(\mathcal{S}(\Psi \cdot n))$ 下，聚合吞吐量可达：

$$\Lambda_2(\lambda, n) = \begin{cases} \Omega\left(\dfrac{1}{(\gamma \cdot \log n)^2 + 1}\right) & \text{when} \quad \lambda: [(\gamma \log n)^2, n] \\ \Omega\left(\dfrac{\lambda^{\alpha/2}}{(\gamma \cdot \log n)^{\alpha+2} + \lambda^{\alpha/2}}\right) & \text{when} \quad \lambda: [1, (\gamma \log n)^2] \end{cases}$$

其中，

$$\gamma = \max\left\{\frac{\Psi}{1-\varepsilon_9} - \frac{\tilde{\omega}}{\kappa}, 0\right\}.$$

(3) 聚合吞吐量和汇集效率间的权衡

基于定理 6.8 和定理 6.9，则得到：

定理 6.10

在聚合机制 $\dot{\mathbf{A}}_{N,n}(\mathcal{S}(\Psi \cdot n))$ 和 $\ddot{\mathbf{A}}_{N,n}(\mathcal{S}(\Psi \cdot n))$ 下，针对 DPC - AFs，最优的可达聚合吞吐量记为 $\Lambda := \Lambda(\lambda, n)$，最优聚合吞吐量和汇集效率间的权衡记为 $\Phi := \Phi(\lambda, n)$，则有：

- 当 $\Psi(n) = (1-\varepsilon_9) \cdot \dfrac{\tilde{\omega}}{\kappa} + O\left(\dfrac{1}{\log n}\right)$ 或者 $\Psi(n) \in \left(0, (1-\varepsilon_9) \cdot \dfrac{\tilde{\omega}}{\kappa}\right]$ 时，有 $\Phi = \Lambda = \Omega(1)$ 对任意 $\lambda: [1, n]$。

● 当 $\Psi(n)-(1-\varepsilon_9)\cdot\frac{\bar{\omega}}{\kappa}:\left(\frac{1}{\log n},\frac{1}{\sqrt{\log n}}\right]$时，有：

$$\Phi=\Lambda=\begin{cases}\Omega\left(\frac{\lambda^{\alpha/2}}{(\gamma\cdot\log n)^{\alpha+2}}\right) & \text{when}\quad \lambda:[1, n(\gamma\log n)^2] \\ \Omega\left(\frac{1}{(\gamma\cdot\log n)^2}\right) & \text{when}\quad \lambda:[(\gamma\log n)^2, n]\end{cases}$$

其中，$\gamma=\frac{\Psi(n)}{1-\varepsilon_9}-\frac{\bar{\omega}}{\kappa}$。

● 当 $\Psi(n)-(1-\varepsilon_9)\cdot\frac{\bar{\omega}}{\kappa}:\left[\frac{1}{\sqrt{\log n}},1\right]$时，有：

$$\Phi=\Lambda=\begin{cases}\Omega\left(\frac{\lambda^{\alpha/2}}{(\log n)^{\frac{\alpha}{2}+1}}\right) & \text{when}\quad \lambda:[1, \log n] \\ \Omega\left(\frac{1}{\log n}\right) & \text{when}\quad \lambda:[\log n, n].\end{cases}$$

在两个机制下的具体权衡值如表 6－1 所列。

根据定理 6.10，有以下的结论：

● 单一链接长度机制 $\dot{\mathbf{A}}_{N,n}(\mathcal{S}(\Psi\cdot n))$ 是不可扩展的。

● 在复合链接长度机制 $\ddot{\mathbf{A}}_{N,n}(\mathcal{S}(\Psi\cdot n))$ 下，当 $\Psi(n)=(1-\varepsilon_9)\cdot\frac{\bar{\omega}}{\kappa}+O\left(\frac{1}{\log n}\right)$ 时，Ψ－可达吞吐量阶为 $\Theta(1)$，这意味着复合链接长度机制实际上是可扩展的。给出一组满足表 6－1 中条件的可行常数：

$$c=5,\ \kappa=10,\ \bar{\omega}=9.2032,\ \varepsilon_2=10^{-5},$$

$$\varepsilon_3=10^{-6},\ \varepsilon_6=3,\ \varepsilon_7=10^{-6},\ \varepsilon_8=10^{-4}.$$

因此，设定 $\varepsilon_9=2\times10^4$，这意味着 0.92－可达吞吐量阶是 $\Theta(1)$。

● 当 $\frac{\Psi(n)}{1-\varepsilon_9}-\frac{\bar{\omega}}{\kappa}=\omega\left(\frac{1}{\sqrt{\log n}}\right)$ 时，机制 $\dot{\mathbf{A}}_{N,n}(\mathcal{S}(\Psi\cdot n))$ 下的权衡要

好于 $\ddot{\mathbf{A}}_{N,n}(\mathcal{S}(\Psi \cdot n))$ 下的权衡，如图 6－9(d)所示；此外针对其他情况，则前者不比后者好，如图 6－9(a)—图 6－9(c)所示。

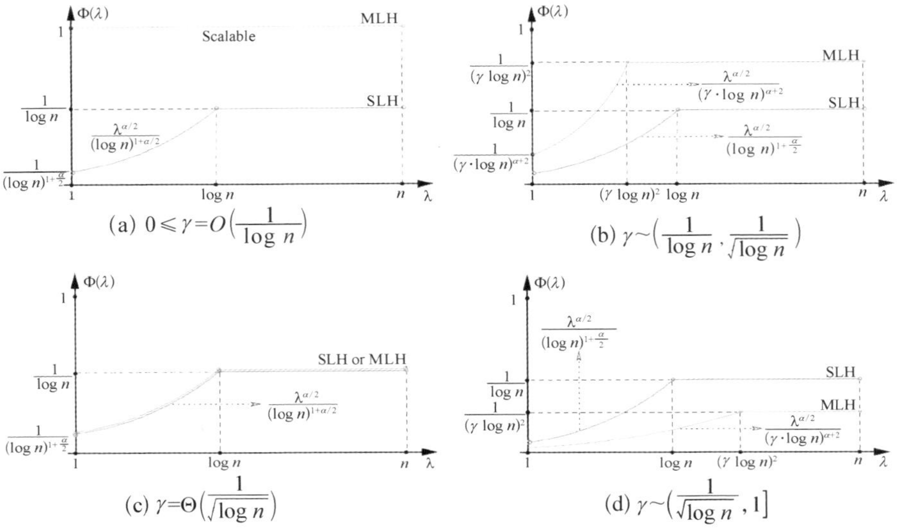

图 6－9　最优权衡

6.2.5　结合 Block Coding 的聚合机制

针对 type-threshold DPC 聚合函数，在单一链接长度机制 $\dot{\mathbf{A}}_{N,n}(\mathcal{S}(\Psi \cdot n))$ 中的局部聚合阶段引入 block coding 技术。在每个格子中通信图实际上是一个有 $\beta \cdot \ln n$ 个顶点的同位图。本书记融合 block coding 技术的单一链接长度机制为 $\dot{\mathbf{A}}^{bc}_{N,n}(\mathcal{S}(\Psi \cdot n))$。运用类似于定理 6.3 和定理 6.8 的证明方法，则有：

定理 6.11

针对 type-threshold DPC－AFs，在设定 $N = \Omega\left(\frac{\sqrt{n}}{\sqrt{\log n}}\right)$ 的聚合机制 $\dot{\mathbf{A}}^{bc}_{N,n}(\mathcal{S}(\Psi \cdot n))$ 下，聚合吞吐量可达：

$$\Lambda_1^{B}(\lambda, n)=\begin{cases}\Omega\left(\dfrac{1}{\log(\beta\cdot\log n)}\right) & \text{when}\quad \lambda:[\log n, n]\\ \Omega\left(\dfrac{\lambda^{\alpha/2}}{\log(\beta\cdot\log n)\cdot(\log n)^{\alpha/2}}\right) & \text{when}\quad \lambda:[1, \log n]\end{cases}$$

其中，

$$\beta=\max\left\{\Psi\cdot(1+\varepsilon_5),\ \frac{1}{\ln n}\right\}.$$

注意在机制 $\ddot{\mathbf{A}}_{N,n}(\mathcal{S}(\Psi\cdot n))$ 下的局部聚合阶段，每个格子中的通信图也是同位图，然而由于这些同位图顶点数目是常数阶的，所以，引入 block coding 技术也不会有性能增益。

结合定理 6.9 和定理 6.11，我们有：

定理 6.12

在聚合机制 $\dot{\mathbf{A}}_{N,n}^{bc}(\mathcal{S}(\Psi\cdot n))$ 和 $\ddot{\mathbf{A}}_{N,n}(\mathcal{S}(\Psi\cdot n))$ 下，针对 type-threshold DPC - AFs，最优的可达聚合吞吐量记为 $\Lambda\coloneqq\Lambda(\lambda, n)$，最优聚合吞吐量和汇集效率间的权衡记为 $\Phi\coloneqq\Phi(\lambda, n)$，则有(图 6 - 10，其中，$\gamma=\dfrac{\Psi(n)}{1-\varepsilon_9}-\dfrac{\bar{\omega}}{\kappa}$)：

- 当 $\gamma=O\left(\dfrac{1}{\log n}\right)$ 时，有 $\Phi=\Lambda=\Omega(1)$ 对任意 $\lambda:[1, n]$.

- 当 $\gamma:\left[\dfrac{1}{\log n}, \dfrac{\sqrt{\log\log n}}{\log n}\right]$时，有：

$$\Phi=\Lambda=\begin{cases}\Omega\left(\dfrac{\lambda^{\alpha/2}}{(\gamma\cdot\log n)^{\alpha+2}}\right) & \text{when}\quad \lambda:[1, n(\gamma\log n)^2]\\ \Omega\left(\dfrac{1}{(\gamma\cdot\log n)^2}\right) & \text{when}\quad \lambda:[(\gamma\log n)^2, n].\end{cases}$$

- 当 $\gamma:\left[\dfrac{\sqrt{\log\log n}}{\log n}, \dfrac{(\log\log n)^{\frac{1}{\alpha+2}}}{(\log n)^{\frac{1}{2}+\frac{1}{\alpha+2}}}\right]$时，有：

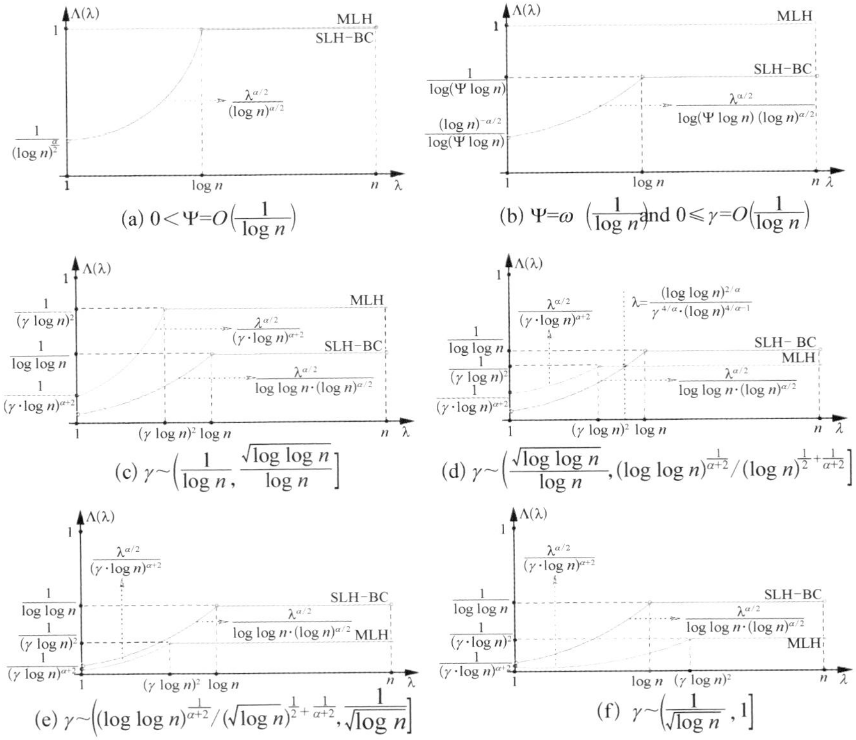

(a) $0<\Psi=O\left(\frac{1}{\log n}\right)$

(b) $\Psi=\omega\left(\frac{1}{\log n}\right)$ and $0\leqslant\gamma=O\left(\frac{1}{\log n}\right)$

(c) $\gamma\sim\left(\frac{1}{\log n},\frac{\sqrt{\log\log n}}{\log n}\right]$

(d) $\gamma\sim\left(\frac{\sqrt{\log\log n}}{\log n},(\log\log n)^{\frac{1}{\alpha+2}}/(\log n)^{\frac{1}{2}+\frac{1}{\alpha+2}}\right]$

(e) $\gamma\sim\left((\log\log n)^{\frac{1}{\alpha+2}}/(\sqrt{\log n})^{\frac{1}{2}+\frac{1}{\alpha+2}},\frac{1}{\sqrt{\log n}}\right]$

(f) $\gamma\sim\left(\frac{1}{\sqrt{\log n}},1\right]$

图 6-10 针对 Type-Sensitive DPC-AFs 的最优吞吐量

$$\Phi=\Lambda=\begin{cases}\Omega\left(\dfrac{\lambda^{\alpha/2}}{(\gamma\cdot\log n)^{\alpha+2}}\right) & \text{when}\quad \lambda:[1,\ n(\gamma\log n)^2] \\ \Omega\left(\dfrac{1}{(\gamma\cdot\log n)^2}\right) & \text{when}\quad \lambda:[(\gamma\log n)^2,\ \lambda_0] \\ \Omega\left(\dfrac{\left(\dfrac{\lambda}{\log n}\right)^{\alpha/2}}{\log\log n}\right) & \text{when}\quad \lambda:[\lambda_0,\ \log n] \\ \Omega\left(\dfrac{1}{\log\log n}\right) & \text{when}\quad \lambda:[\log n,\ n].\end{cases}$$

其中，$\lambda_0=\dfrac{(\log\log n)^{\frac{2}{\alpha}}}{\gamma^{4/\alpha}(\log n)^{\frac{4}{\alpha}-1}}$.

● 当 γ：$\left[\frac{(\log\log n)^{\frac{1}{\alpha+2}}}{(\log n)^{\frac{1}{2}+\frac{1}{\alpha+2}}},\ 1\right]$时，有：

$$\Phi = \Lambda = \begin{cases} \Omega\left(\dfrac{1}{\log\log n}\right) & \text{when} \quad \lambda: [\log n,\ n] \\ \Omega\left(\dfrac{\lambda^{\alpha/2}}{(\log n)^{\alpha/2}\cdot\log\log n}\right) & \text{when} \quad \lambda: [1,\ \log n]. \end{cases}$$

6.2.6　相关讨论

本节研究 DPC 聚合函数在一般密度随机 WSN 中的聚合吞吐量。以下几个重要的问题有待进一步研究。

（1）汇集效率和覆盖率的关系

在无线传感网络应用中，经常需要满足对部署区域的覆盖[23,164-170]。对一个面积为 n/λ 的随机 WSN，满足对一个节点以密度为 λ 的 Poisson 过程部署的方形区域的 k -覆盖的一个充分条件是

$$\lambda + \ln\lambda + (k+2)\ln\ln\lambda \geqslant \ln n + (k+2)\ln\ln n + \xi(n/\lambda).$$

其中，$\xi(n/\lambda) = \omega(1)$ 如果 $\lambda = o(n)$。基于这个结果，如何构建汇集效率和 k -覆盖率(即被 k -覆盖的区域与整个区域面积的比值)之间的关系，是一个有待解决的重要问题。

（2）汇集效率和监测精度的关系

给定一个 DPC 聚合函数 $\mathbf{g}$，我们定义机制 $\mathbf{A}_{N,n}(\mathcal{S}(\Psi\cdot n))$ 下的监测精度 Υ 为：对任意随机变量 $M^n \in \mathcal{M}^n$，令

$$\Upsilon(M^n) := 1 - \left|\frac{\mathbf{g}_n(M^n) - \mathbf{g}_{\Psi n}(M^{\Psi n})}{\mathbf{g}_n(M^n)}\right|,$$

我们说监测精度可达到 Υ，如果

$$\liminf_{n\to\infty} \Pr(\Upsilon(M^n) \geqslant \Upsilon) = 1.$$

一种特殊的情况是，M^n 在域 $\mathcal{M}^n$ 中服从均匀分布且 $\Psi \cdot n$ 个节点被随机均匀地选择，则可猜想对于某些聚合函数，比方说平均值函数，如果 $\Psi = \Theta(1)$，则有 $\lim_{n \to \infty} \Upsilon = 1$。因为 $\Psi \cdot n$ 个节点可以看做是所有节点的一个样本，所以严格推导和分析可以基于统计理论[171,172]。

6.3 本章小结

本章为一般性可分函数设计有效的聚合机制，并针对随机扩展无线传感器网络在两类聚合函数下的聚合容量给出紧的上下界，进而设计基于多个汇聚(sink)节点的并行聚合机制，以此提高网络的聚合吞吐量。其次，针对一般节点密度的随机无线传感器网络，设计一种可扩展(Scalable)的聚合机制，并给出聚合吞吐量和汇集效率的权衡。

下一步将研究针对更具有一般性的聚合函数的聚合容量上界，并设计相应的最优聚合机制。

第7章 认知网络的容量标度律研究

随着无线网络的广泛应用，频谱资源越来越紧张，而与此同时又存在相当比例的已分配频谱未得到充分利用，其利用率仅为15％～85％[173-174]。解决这一问题的方法之一就是允许一些用户在保证不对授权用户产生消极影响的前提下，机会式地接入频谱。从而，就有认知网络这一技术/概念的提出。认知网络通常由两个运行在同一个频谱上的独立网络重叠构成。次网(Secondary Network)中的节点装备着认知射频接口(Cognitive Radio)，能够感知闲置的频谱且能够得到关于主网(Primary Network)的相关信息。

本章研究认知网络的容量标度律。其中，认知网模型由主自组织网络(PaN)和次自组织网络组成(SaN)。我们设定PaN的网络拓扑为$\mathcal{N}_p(n, n)$，设定SaN的网络拓扑为$\mathcal{N}_p(m, m)$，即随机密集网。由于无线传输介质的特点，只要PaN和SaN的调度时间存在重叠，则在非协作通信[19]的假设下，二者之间必然存在互为消极的影响(干扰)。因此，认知网络的容量上界显然不会超过单一形式网络的容量。

认知网络中最重要的前提条件是主网不会因为次网的原因改变它的协议。否则，可以用一个简单的时间等分策略即可使得主网和次网达到单一形式网络的容量上界[98,111,175]。在这种约束下，一个具有挑战性的问题是当主网的协议已经设置好，在保证不影响主网吞吐量的前提下，如何设计针对次网的协议，使次网达到最优吞吐量。本章将致力于解决这一问题。

7.1 相关工作

认知网络的标度律是个相对较新的问题。在[87]中，主网的源点-目的节点对（S-D对）和认知（次网）的S-D对被建模为非对称的边信息的干扰信道。在[176]中，通信机会被建模为一个2-切换（Two-switch）信道。[148]和[176]中的工作只考虑单个用户的情况，其中，单个的主网S-D对和次网的S-D对共享同一频谱。最近，一个单跳的认知网络模型在[111]中被研究，其中，多个次网S-D对在一个主网S-D对存在的情况下进行通信：作者证明，当单跳次网的操作能保证满足一组特定约束条件时，其可达到线性的标度律。对于多用户多跳的情况，Jeon等[98]首先研究了认知网的单播吞吐量。在他们的模型中，主网是随机密集网或者密集蜂窝网[177]，次网为一个随机密集网；主网和次网运行在同一个空间和频谱上。基于[98]的模型，Wang等[112]研究了认知网络的组播容量；为了保证主网用户的优先级，作者定义了一种新的参数，称之为吞吐量减损比率（Throughput Decrement Ratio，TDR），以此来测量主网在有无次网并存情况下的吞吐量之比；并依据主网决定的TDR阈值，为次网设计组播机制。

7.2 系统模型和相关基础

7.2.1 网络拓扑

本章研究的认知网模型由主自组织网络（PaN）和次自组织网络组成（SaN）。我们设定PaN的网络拓扑为$\mathcal{N}_p(n, n)$，设定SaN的网络拓扑为

$\mathcal{N}_p(m, m)$，即随机密集网。

7.2.2　保证主网的权益

认知网模型的重要约束条件是主网拥有绝对的优先权接入频谱。我们介绍认知网络的基本约束如下：

约束条件 7.1　认知网模型的基本约束

1）PaN 运作时可把 SaN 当作不存在。也就是说，无论如何 PaN 不会为了 SaN 而改变其协议。

2）SaN 对 PaN 的消极影响，比方说，吞吐量减损，不可超过 PaN 能容忍的范围。

若上述第一个约束不成立，则一个简单的时隙等分策略就可使得 PaN 和 SaN 同时达到容量的最优阶，如此一来，该问题就不具备研究价值。对于上述第二个约束，假设只要 SaN 不影响 PaN 的吞吐量的阶(Order)，PaN 就允许 SaN 机会性接入频谱。这不足以保证 PaN 的优先级。在下一步工作中，应该设计一些由 PaN 来决定的参数以控制 SaN 的干扰和保证 PaN 的优先级。

7.2.3　次网节点的认知功能

假设次网用户配备了具有感知功能的收发器，能够获取 PaN 的相关必要信息。特别是有以下假设：

假设 7.1

1）次网 SaN 中的用户知道 PaN 中节点的位置。

2）SaN 知晓 PaN 中正在运行的机制。

7.2.4　通信模型

假设 PaN 和 SaN 以 TDMA 机制调度。令 $\mathcal{V}_\tau^p$（或 $\mathcal{V}_\tau^s$）表示在时隙/时间片 τ 被调度的主网（或次网）自组织节点。从而，在时间片 τ，任意链接

$v_i \to v_j$，v_i，$v_j \in \mathcal{V}_\tau^p \cup \mathcal{V}_\tau^s$，可以直接以速率

$$R_\tau(v_i, v_j) = B\log\left(1+\frac{S_\tau(v_i, v_j)}{N_0+I_\tau(v_i, v_j)}\right)$$

进行通信，其中，$N_0 \geqslant 0$ 是环境噪声，且

$$S_\tau(v_i, v_j) = P_\tau(v_i) \cdot \| v_i v_j \|^{-\alpha},$$

$$I_\tau(v_i, v_j) = \sum_{v_k \in \mathcal{V}_\tau^p \cup \mathcal{V}_\tau^s - \{v_i\}} P_\tau(v_k) \cdot \| v_k v_j \|^{-\alpha},$$

这里，$P_\tau(v_i)$ 表示节点 v_i 被调度时的发射功率。

7.2.5 容量定义的拓展

首先拓展第 3 章中组播容量的定义。本书记 $\mathcal{N}_p(n, 1)$ 中所有 n 个点的集合为 $\mathcal{V}=\mathcal{V}(n)=\{v_1, v_2, \cdots, v_n\}$。假设随机选取的 n_s 个节点作为组播的源节点，并记它们集合为 $\mathcal{S} \subseteq \mathcal{V}$。在会话 $\mathcal{M}_{\mathcal{S},k}$ 中 $v_{\mathcal{S},k_0}$ 作为源节点，其生成的数据要以速率 $\lambda_{\mathcal{S},k}$ 传输到 n_d 个目的节点 $\mathcal{D}_{\mathcal{S},k}=\{v_{\mathcal{S},k_1}, v_{\mathcal{S},k_2}, \cdots, v_{\mathcal{S},k_{n_d}}\}$。记 $\mathcal{U}_{\mathcal{S},k}=\{v_{\mathcal{S},k_0}\} \cup \mathcal{D}_{\mathcal{S},k}$ 为会话 $\mathcal{M}_{\mathcal{S},k}$ 的生成集。

用一个 n_s 维的向量表示所有组播会话的速率，即组播速率向量 $\Lambda_{\mathcal{S}}(n, n_d)=(\lambda_{\mathcal{S},1}, \lambda_{\mathcal{S},2}, \cdots, \lambda_{\mathcal{S},n_s})$。

定义 7.1　拓展可行组播向量

一个组播速率向量 $\Lambda_{\mathcal{S}}(n, n_d)=(\lambda_{\mathcal{S},1}, \lambda_{\mathcal{S},2}, \cdots, \lambda_{\mathcal{S},n_s})$ 被称为 (ρ_s, ρ_d) 可行，其中 ρ_s 和 ρ_d 都是区间 $[0, 1]$ 内的常数，如果对源点集合的一个子集 $\mathcal{S}'(\rho_s, \rho_d) \subseteq \mathcal{S}(|\mathcal{S}'(\rho_s, \rho_d)|=\rho_s(n) \cdot n_s)$，存在一个传输调度机制使得每个源节点 $v_{\mathcal{S},i} \in \mathcal{S}'(\rho_s, \rho_d)$ 能够以速率 $\lambda_{\mathcal{S},i}$ 传输到至少 $\rho_d(n, i) \cdot n_d$ 个目的节点上，其中，

$$\lim_{n\to\infty} \rho_s(n) = \rho_s;\ \lim_{n\to\infty} \inf_{v_{\mathcal{S},i} \in \mathcal{S}'(\rho_s, \rho_d)} \{\rho_d(n, i)\} = \rho_d.$$

一个组播向量 $\Lambda_{\mathcal{S}}(n, n_d)=(\lambda_{\mathcal{S},1}, \lambda_{\mathcal{S},2}, \cdots, \lambda_{\mathcal{S},n_s})$ 可行，如果它是 $(1, 1)$

可行的。

基于一个组播向量，我们可以定义最小每会话组播吞吐量（Minimum Per-session Multicast Throughput）：

$$\Lambda_{\mathcal{S}}^{\mathrm{p}}(n, n_d) = \min_{v_{\mathcal{S},k_0} \in \mathcal{S}'(1,1)} \lambda_{\mathcal{S},k}.$$

与第 3 章类似，为方便起见，此名称简化为每会话组播吞吐量（Per-session Multicast Throughput）。同样，可以定义汇总组播吞吐量（Aggregated Multicast Throughput）：

$$\Lambda_{\mathcal{S}}^{\mathrm{A}}(n, n_d) = \sum_{v_{\mathcal{S},k_0} \in \mathcal{S}'(1,1)} \lambda_{\mathcal{S},k}.$$

定义 7.2　拓展可达每会话组播吞吐量

一个每会话组播吞吐量 $\Lambda_{\mathcal{S}}^{\mathrm{p}}(n, n_d)$（或 $\Lambda_{\mathcal{S}}^{\mathrm{A}}(n, n_d)$）是可达的，如果其对应的组播向量 $\Lambda_{\mathcal{S}}(n, n_d) = (\lambda_{\mathcal{S},1}, \lambda_{\mathcal{S},2}, \cdots, \lambda_{\mathcal{S},n_s})$ 是可行的。

从而，依据可达每会话组播吞吐量的定义，结合定义 2.5（网络容量），可以得到网络的每会话组播容量定义。类似地，我们可以定义网络的汇总组播容量。关于这两种容量的关系，则有：$\Lambda_{\mathcal{S}}^{\mathrm{A}}(n, n_d) = |\mathcal{S}'(1,1)| \cdot \Lambda_{\mathcal{S}}^{\mathrm{p}}(n, n_d)$ 可达，如果 $\Lambda_{\mathcal{S}}^{\mathrm{p}}(n, n_d)$ 可达。从而，根据定义 7.1 和定义 7.2，有

$$\lim_{n \to \infty} \frac{|\mathcal{S}'(1,1)|}{n_s} = 1.$$

因此，$\Lambda_{\mathcal{S}}^{\mathrm{A}}(n, n_d)$ 总是可达到 $\Theta(n_s \cdot \Lambda_{\mathcal{S},n_d}^{\mathrm{p}}(n))$，如果 $\Lambda_{\mathcal{S}}^{\mathrm{p}}(n, n_d)$ 可达。

特别是，假设 PaN 和 SaN 中的组播数目分别为 $\Theta(n)$ 和 $\Theta(m)$。

7.2.6　渗流模型介绍

下面介绍两种常见的渗流模型。在本章中，二者都将被应用到。

（1）泊松布林（Poisson Boolean）渗流模型

在二维的泊松布林模型 $\mathcal{B}(\lambda, r)$ [178] 中，节点以密度为 λ 的泊松过程分

布到二维平面 $\mathbb{R}^2$ 上。每个节点关联于一个半径为 $r/2$ 的闭圆盘。两个圆盘如果有重叠部分，则称之为直接相连。这种设置对应于设定传输半径为 r 的情况。两个圆盘是连通的，如果它们之间存在一个两两直接相连的圆盘序列。一个圆盘的集合，其中任意两个圆盘都是连通的，则定义这个集合为簇(Cluster)。定义所有簇的集合为 $\mathcal{C}(\lambda, r)$。定义簇 $C_i \in \mathcal{C}(\lambda, r)$ 中圆盘数量为随机变量 $N(C_i)$。将 $\mathcal{B}(\lambda, r)$ 关联于一个图 $\mathcal{G}(\lambda, r)$，称为关联图。两个模型，$\mathcal{B}(\lambda, r)$ 和 $\mathcal{B}(\lambda_0, r_0)$，如果 $\lambda_0 \cdot {r_0}^2 = \lambda \cdot r^2$，则导出相同的关联图，即 $\mathcal{G}(\lambda, r) = \mathcal{G}(\lambda_0, r_0)$。从而，$\mathcal{B}(\lambda, r)$ 的图属性仅依赖于 $\lambda \cdot r^2$ [179]。渗流概率，记为 $\mathfrak{p}$，表示给定点属于一个无穷节点数的簇的概率。令 C 表示包含给定节点的簇，渗流概率因此可定义为

$$\mathfrak{p}(\lambda, r) = \mathfrak{p}(\lambda r^2) = \Pr_{\lambda, r}(|C| = \infty) = \Pr_{\mathfrak{p}}(|C| = \infty).$$

当 $\mathfrak{p}_c = (\lambda r^2)_c = \sup\{\lambda r^2 \mid \mathfrak{p}(\lambda r^2) = 0\}$ 时，称 $\mathfrak{p}_c$ 为二维泊松布林模型的渗流关键阈值。$(\lambda r^2)_c$ 的准确值至今还未确定。最好的分析结果显示其位于区间(0.192 45, 0.843)[178,180]。本章将用到下面这个引理。

引理 7.1

对于泊松布林模型 $\mathcal{B}(\lambda, r)$，如果 $\lambda r^2 < \mathfrak{p}_c$，则有：

$$\Pr(\sup\{\mathrm{N}(C_i) \mid C_i \in \mathcal{C}(\lambda, r)\} < \infty) = 1,$$

其中，$\mathfrak{p}_c$ 是渗流关键值。

(2) 边(Bond)渗流模型

第 3 章、第 5 章和第 6 章构建基于渗流的路由机制时，已经应用到这种模型。下面将其和泊松布林渗流模型一起汇总于此，以便比较。

令 $\mathbb{B}(h, p)$ 表示一个边长为 h 的正方形网格。称只由开边组成的路径为开路径。对任意给定常数 $\kappa > 0$，将网格图 $\mathbb{B}(h, p)$ 分为水平(或垂直)长方块，其大小为 $h \times \kappa \log h - \epsilon(h)$，记为 R_i^h（或 R_i^v）。可以选择 $\epsilon(h)$

为使得 $h/(\kappa\log h-\epsilon(h))$ 为整数的最小值。记长方块 R_i^h（或 R_i^v）中的不相交的贯穿式开路径的数目为 N_i^h（或 N_i^v）。记 $\mathrm{N}^h=\min_i \mathrm{N}_i^h$，$\mathrm{N}^v=\min_i \mathrm{N}_i^v$，从而,我们有：

引理 7.2

对于任意满足条件 $2+\kappa\log(6(1-p))<0$ 的常数 $\kappa>0$ 和 $p\in\left(\frac{5}{6},1\right)$，存在一个常数 $\delta(\kappa,p)$，使得

$$\lim_{h\to\infty}\Pr(\mathrm{N}^h\geqslant\delta\log h)=1,\ \lim_{h\to\infty}\Pr(\mathrm{N}^v\geqslant\delta\log h)=1.$$

7.3　本章主要结果

为了描述方便,首先定义两个函数如下：

$$\mathbf{f}_1(x,y)=\begin{cases}\Omega\left(\dfrac{1}{\sqrt{xy}}\right) & \text{when}\quad y:\left[1,\dfrac{x}{(\log x)^3}\right]\\[2ex] \Omega\left(\dfrac{1}{y}\cdot(\log x)^{\frac{3}{2}}\right) & \text{when}\quad y:\left[\dfrac{x}{(\log x)^3},x\right]\end{cases}$$

$$\mathbf{f}_2(x,y)=\begin{cases}\Omega\left(\dfrac{1}{\sqrt{xy\log x}}\right) & \text{when}\quad y:\left[1,\dfrac{x}{\log x}\right]\\[2ex] \Omega(1/x) & \text{when}\quad y:\left[\dfrac{x}{\log x},x\right].\end{cases}$$

对于 PaN,可采用两种类似于[71]中的路由机制：渗流机制(P-S)和连通机制(C-S)。与之相应,为 SaN 设计了专门的渗流机制和连通机制。根据 n_d 和 m_d 值的不同选取较好的机制,结果如表 7-1所列。

表 7－1　可达网络组播量

	$n_d: \left[1, \frac{n}{(\log n)^2}\right]$	$n_d: \left[\frac{n}{(\log n)^2}, n\right]$
$m_d: \left[1, \frac{m}{(\log m)^2}\right]$	PaN, P－S, $\mathbf{f}_1(n, n_d)$	PaN, C－S, $\mathbf{f}_2(n, n_d)$
	SaN, P－S, $\mathbf{f}_1(m, m_d)$	SaN, C－S, $\mathbf{f}_2(m, m_d)$
$m_d: \left[\frac{m}{(\log m)^2}, m\right]$	PaN, P－S, $\mathbf{f}_1(n, n_d)$	PaN, C－S, $\mathbf{f}_2(n, n_d)$
	SaN, C－S, $\mathbf{f}_2(m, m_d)$	SaN, C－S, $\mathbf{f}_2(m, m_d)$

假设 7.2

对于 m，m_d 和 n，

1）当 $m_d = \omega(\log m)$ 时，我们假设 $n = O\left(\frac{m}{\log m}\right)$。

2）当 $m_d = O(\log m)$ 时，我们假设 $n = O\left(\frac{m}{m_d \cdot \log m}\right)$。

定理 7.1

在假设 7.2 下，PaN 和 SaN 的可达组播吞吐量的阶如表 7－1 所列。

根据定理 7.1，保证了 SaN 的出现不会影响到 PaN 的吞吐量阶。

基于一种称为 Arena 的方法，Keshavarze-Haddad 等[69,71]推导出密集网的组播容量的一个上界如下：

定理 7.2

PaN 的每会话组播容量的上界为

$$\begin{cases} O\left(\frac{1}{\sqrt{n_d n}}\right) & \text{when} \quad n_d: \left[1, \frac{n}{(\log n)^2}\right] \\ O\left(\frac{1}{n_d \cdot \log n}\right) & \text{when} \quad n_d: \left[\frac{n}{(\log n)^2}, \frac{n}{\log n}\right] \\ O\left(\frac{1}{n}\right) & \text{when} \quad n_d: \left[\frac{n}{\log n}, n\right]. \end{cases}$$

用 m 和 m_d 代替上式中的 n 和 n_d，可得针对 SaN 的类似结果。

结合[69,71]给出的组播容量上界，得到对于一些区域 SaN 的容量界为紧的。

定理 7.3

SaN 的组播吞吐量为 $C_s(m)$：

当 n_d：$\left[1,\ \frac{n}{(\log n)^2}\right]$，

$$C_s(m)=\begin{cases}\Theta(1/\sqrt{m m_d}) & \text{when}\quad m_d:[1,\ m/(\log m)^3]\\ \Theta(1/m) & \text{when}\quad m_d:[m/\log m,\ m].\end{cases}$$

当 n_d：$\left[\frac{n}{(\log n)^2},\ n\right]$，

$$C_s(m)=\Theta(1/m)\quad \text{when}\quad m_d:[m/\log m,\ m].$$

注意定理 7.3 中，对 SaN 而言，m_d 不能覆盖到其整个区域 $[1,\ m]$。在这些未提及的区域中，仍旧存在上下界之间的差距，如表 7－2 所列。如何填补这些差距，是一个具有挑战性的问题。

表 7－2　SaN 容量界不紧的区域

	SaN 容量界存在差距的关于 m_d 的区域
n_d：$\left[1,\ \frac{n}{(\log n)^2}\right]$	m_d：$\left(\frac{m}{(\log m)^3},\ \frac{m}{\log m}\right)$
n_d：$\left(\frac{n}{(\log n)^2},\ n\right]$	m_d：$\left[1,\ \frac{m}{\log m}\right)$

7.4　组播机制

由于 PaN 具有接入频谱的绝对优先权，所以设计机制和运行时可以视

SaN 不存在。因此,可以把 PaN 当作一个单独的网络来设计其机制。为 SaN 设计相应的机制是主要难点。将在保证 PaN 吞吐量阶不受影响的情况下,最优化 SaN 的吞吐量。

7.4.1 主网的机制

本书采用类似于[69,71]中的两种策略,称之为渗流机制和连通机制。最终的组播吞吐量将根据 n_d 的具体值结合运用这两种机制而得到。

(1) 主网渗流机制

基于两类路径来设计主网渗流机制 $\mathbb{M}_p$,即主网渗流路径和主网连通路径。

主网渗流路径(Primary-percolation-paths):这里所指的渗流路径就是[68]中的高速公路,其构造方式也与第 3 章中介绍的很相似。为了研究的完整性以及便于在构造 SaN 的对应路径时方便引用,将对这种构造方式做一简单介绍。

将区域 $\mathcal{A}$ 分成边长为 $l_p = c/\sqrt{n}$ 的小格子,如图 7-1(a)所示,其中,c 为常数,且称这样的子格子为主网渗流格子。从而,共有 h_p^2 个子格子,其中,$h_p = [\sqrt{n}/\sqrt{2}c]$。记如图 7-1(a)所示由斜线构成的网格图为 $\mathbb{C}_p(h_p)$。令 $N(c_i)$ 表示格子 c_i 中的泊松点的数目。从而,每个主网渗流格子为开的概率为 $\mathfrak{p}_p \equiv 1-e^{-c^2}$。运用如图 7-1(b)所示的方法,构造出 $\mathbb{B}(h_p, \mathfrak{p}_p)$。从 $\mathbb{B}(h_p, \mathfrak{p}_p)$ 每条开路径对应的主网渗流格子中随机选出系列节点,称之为主网高速公路站点;连接它们,得到主网渗流路径,或称主网高速公路。根据引理 7.2,则有:

引理 7.3

对于任意的 $\kappa > 0$, $c^2 > \log 6 + 2/\kappa$, 存在一个常数 δ_p, 使得在每个大小为 $1\times \frac{\sqrt{2}c}{\sqrt{n}} \cdot (\kappa \log h_p - \epsilon(h_p))$ 的长方块中,以高概率有 $\delta_p \log n$ 条主网高

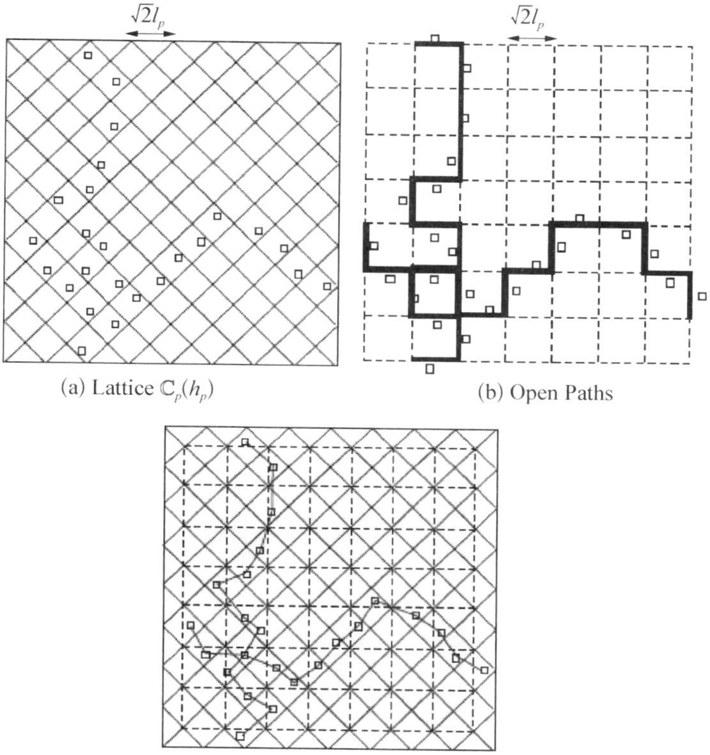

(a) Lattice $\mathbb{C}_p(h_p)$　　(b) Open Paths

(c) Primary Highways

图 7-1　构建主网高速公路(渗流路径)的过程

速公路。

主网渗流路径(高速公路)的负载分配： 根据引理 7.3，每个长方块中至少包含 $\delta_p \log n$ 条高速公路。从而可以把每个长方块中产生的负载分配到 $\delta_p \log n$ 条高速公路上。一种直观的分配方法是将长方块分为 $\delta_p \log n$ 个宽度为 $w_p = \dfrac{\dfrac{\sqrt{2}c}{\sqrt{n}} \cdot (\kappa \log h_p - \epsilon(h_p))}{\delta_p \cdot \log n} = \Theta\left(\dfrac{1}{\sqrt{n}}\right)$ 的长方条，并将每个条内产生的流量负载分配给一条高速公路。

主网连通路径(Primary-connectivity-paths)： 将区域 $\mathcal{A}$ 分成边长为

$\bar{l}_p = \frac{\sqrt{\log n}}{\sqrt{n}}$ 的小格子(称为主网连通格子),得到网格图 $\bar{\mathbb{C}}_p(\bar{h}_p)$。从而存在 $\bar{h}_p^2$ 个子格子,其中 $\bar{h}_p = \left\lceil \frac{n}{\log n} \right\rceil$。从每个组网连通格子中,任意选择一个点(称之为主网连通站点),连接它们,构成主网连通路径。

主网组播路由机制: 考虑组播 $\mathcal{M}_{\mathcal{S},k}$ 和它的生成集 $\mathcal{U}_{\mathcal{S},k}$,其中 $1 \leqslant k \leqslant n_s$。

首先利用算法 3.1 构造 $\mathcal{U}_{\mathcal{S},k}$ 的欧几里得生成树 EST($\mathcal{U}_{\mathcal{S},k}$)。基于 EST($\mathcal{U}_{\mathcal{S},k}$),提出算法 7.1 来构造组播树 $\mathcal{T}(\mathcal{U}_{\mathcal{S},k})$。路由机制是一种分级结构,分为主网高速公路路由阶段 $\mathbb{M}_p^{r_1}$ 和主网连通路径路由阶段 $\mathbb{M}_p^{r_2}$。

算法 7.1　组播路由机制 $\mathbb{M}_p^r$

输入:一个组播会话 $\mathcal{M}_{\mathcal{S},k}$ 和其生成树 EST($\mathcal{U}_{\mathcal{S},k}$)。
输出:一棵组播路由树 $\mathcal{T}(\mathcal{U}_{\mathcal{S},k})$。

1. 对每一条边 $v_i \to v_j \in$ EST($\mathcal{U}_{\mathcal{S},k}$),执行以下的子步骤以实现 v_i 到 v_j 的路由。(请见图 3-4)
   (1) v_i 将数据沿着垂直主网连通路径(PCP)注入特定水平主网高速公路(PH)上。
   (2) 数据沿着特定水平 PH 传输。
   (3) 数据沿着特定垂直 PH 传输。
   (4) 数据通过特定水平 PCP 传输到点 v_j 上。
2. 考虑 EST($\mathcal{U}_{\mathcal{S},k}$) 中的下一条边(Go to Step 1),直到 EST($\mathcal{U}_{\mathcal{S},k}$) 中所有的边被考虑。
3. 对于所得的图,合并相同的边,并在不影响连通性的前提下,移除环,最终得到一棵组播路由树 $\mathcal{T}(\mathcal{U}_{\mathcal{S},k})$。

主网传输调度机制: 运用两个独立的 9 - TDMA 机制分别基于 $\mathbb{C}_p(h_p)$ 和 $\bar{\mathbb{C}}_p(\bar{h}_p)$ 调度主网高速公路和主网连通路径。从而,调度分为两个阶段:主网高速公路传输调度阶段(PH - TSP, $\mathbb{M}_p^{t_1}$)和主网连通路径调度阶段(PCP - TSP, $\mathbb{M}_p^{t_2}$)。这两个阶段分别对应于 $\mathbb{M}_p^{r_1}$ 和 $\mathbb{M}_p^{r_2}$。在 PH -

TSP,每个被调度的发送节点以功率 $P\cdot(l_p)^\alpha$ 发射信号;在 PCP－TSP,每个被调度的发送节点以功率 $P\cdot(\bar{l}_p)^\alpha$ 发射信号。在[71]中,每个被调度的发送节点以常数功率 P 发射信号。与之比较,本书的机制在节省能量方面效果显著(后面将证明本书的机制能够达到与[71]中相同的吞吐量)。

(2) 主网连通机制

与主网渗流机制不同,主网连通机制 $\bar{\mathbb{M}}_p$,只用到主网连通路径。

主网组播路由机制: 基于主网连通路径采取类似于[81]中的 Manhattan 路由机制。

主网传输调度机制: 因为只涉及主网连通路径,因此只采用主网连通路径调度机制即可。

7.4.2 次网的机制

本章研究的主要挑战性在于如何设计 SaN 的组播机制使得在保证不影响 PaN 的吞吐量阶的前提下,达到最优吞吐量。

(1) 次网渗流机制

与 PaN 一样,根据每跳长度的不同,针对 SaN 的路由也有两种链接。第一种构成次网高速公路,其长度为 $O\left(\frac{1}{\sqrt{m}}\right)$。第二种构成次网连通路径,其长度为 $O(\sqrt{\log m/m})$。将区域 $\mathcal{A}$ 分成边长为 $l_s=\frac{c}{\sqrt{m}}$ 的子格子(称其为次网渗流格子),得到网格图 $\mathbb{C}_s(h_s)$,其中 $h_s=\left\lceil\frac{\sqrt{m}}{\sqrt{2}c}\right\rceil$;并分成边长为 $\bar{l}_s=\sqrt{\log m/m}$ 的子格子(称其为次网连通格子),得到网格图 $\bar{\mathbb{C}}_s(\bar{h}_s)$,其中 $\bar{h}_s=\left\lceil\frac{\sqrt{m}}{\sqrt{\log m}}\right\rceil$。

与 PaN 中不同,必须保证次网中的发射节点不能离正在运作的主网节点太近，否则，可能对主网的通信产生破坏性干扰。因此，为每个主网节点设置一个保护区(Preservation Region[111])，并令任何 SaN 的通信不可以通过这些保护区。

保护区(P－R)：基于网格图 $\mathbb{C}_s(h_s)$ 和 $\overline{\mathbb{C}}_s(\overline{h}_s)$，定义两种保护区。第一种是渗流保护区(PP－R)，由 9 个次网渗流格子(对应的主网节点位于中间的格子)组成；第二种是连通保护区(CP－R)，由 9 个次网连通格子(对应的主网节点位于中间的格子)组成。

次网高速公路：基于 $\mathbb{C}_s(h_s)$ 构造次网渗流路径(也称之为次网高速公路)。构建主网高速公路对于次网渗流格子能否被应用施加了很大限制。需要保证次网高速公路上的点距离主网节点足够远。具体来讲，要保证这些次网节点不被 PP－R 覆盖。从而，要修改 $\mathbb{C}_s(h_s)$ 中格子可用性的定义。网渗流格子是感知开放(Cognitive Open)的，如果它是开的且不属于任意的 PP－R。如图 7－2 所示。

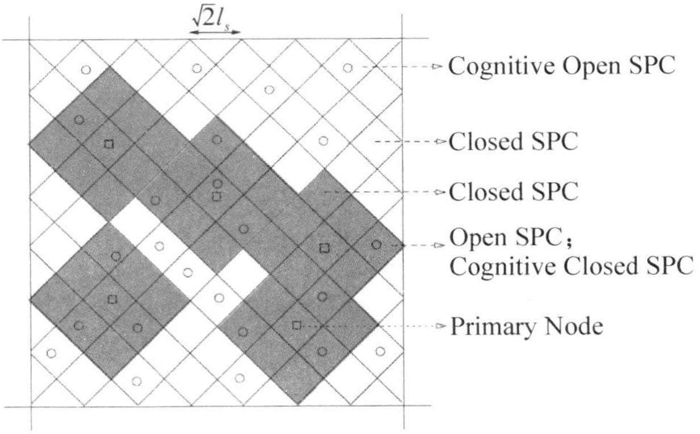

图 7－2　感知开放的次网渗流格子。阴影部分表示渗流保护区(**PP－Rs**)。在 **PP－R** 中间格子的小方块表示主网节点。小圆圈表示次网节点

引理 7.4

当 $n=o(m)$ 时，$\mathbb{C}_s(h_s)$ 中次网渗流格子的开放概率为 $\mathfrak{p}_s$，其中，$\mathfrak{p}_s \rightarrow$

$\mathfrak{p}_p$，$n \to \infty$。

证明　对任意次网渗流格子(SP－C) G_s，定义一个事件 $\mathbf{E}_1(G_s)$：格子 G_s 是开(非空)的。从而有：

$$\Pr(\mathbf{E}_1(G_s)) = 1 - e^{m \cdot \left(\frac{c}{\sqrt{m}}\right)^2} = 1 - e^{-c^2}.$$

下面，定义事件 $\mathbf{E}_2(G_s)$：格子 G_s 不属于任意 PP－R。定义一个中心为 G_s 的 PP－R 为 $\mathcal{C}(G_s)$。因此，事件 $\mathbf{E}_2(G_s)$ 发生当且仅当没有主网节点落入 $\mathcal{C}(G_s)$。因为落入 $\mathcal{C}(G_s)$ 的主网节点数目服从参数为

$$\lambda(\mathcal{C}(G_s)) = n \cdot 9 \cdot \left(\frac{c}{\sqrt{m}}\right)^2 = \frac{9c^2 n}{m}$$

的泊松分布。所以，$\Pr(\mathbf{E}_2(G_s)) = e^{-\lambda(\mathcal{C}(G_s))} = e^{-\frac{9c^2 n}{m}}$。

因为主网和次网节点的分布过程是独立的，从而事件 $\mathbf{E}_1(G_s)$ 和 $\mathbf{E}_2(G_s)$ 是独立的。因此根据感知开放的定义，则有：

$$\mathfrak{p}_s = \Pr(\mathbf{E}_1(G_s)) \times \Pr(\mathbf{E}_2(G_s)) = (1 - e^{-c^2}) \cdot e^{-\frac{9c^2 n}{m}}.$$

结合条件 $\lim_{n\to\infty} \frac{n}{m} = 0$，可以证明 $\lim_{n\to\infty} \mathfrak{p}_s = \mathfrak{p}_p$。

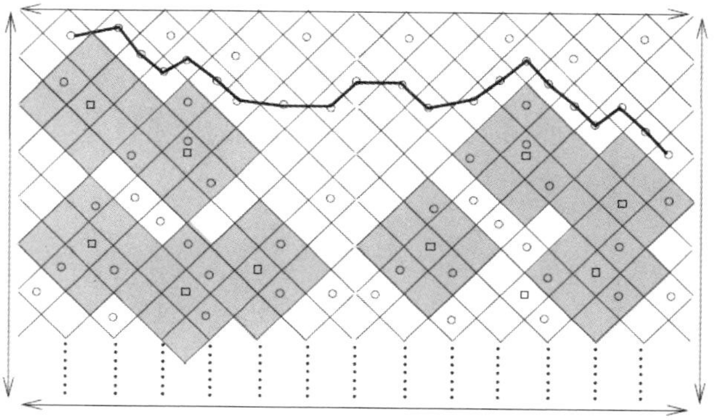

图 7－3　次网高速公路

运用类似于从 $\mathbb{C}_p(h_p)$ 到 $\mathbb{B}(h_p, \mathfrak{p}_p)$ 的映射过程，可以基于 $\mathbb{C}_s(h_s)$ 构造 $\mathbb{B}(h_s, \mathfrak{p}_s)$，通过引理 7.2 可得：

引理 7.5

当 $n=o(m)$ 时，对任意 $\kappa>0$ 和 $c^2>\log 6+2/\kappa$，存在一个常数 δ_s 使得每个大小为 $1\times\frac{\sqrt{2}c}{\sqrt{m}}\cdot(\kappa\log h_s-\epsilon(h_s))$ 的长方块中至少包含 $\delta_s\log m$ 条次网高速公路。

次网渗流路径(高速公路)的负载分配： 与 PaN 中一样，将每个长方块分割为 $\delta_s\log m$ 个宽度为 $w_s=\Theta\left(\frac{1}{\sqrt{m}}\right)$ 的长方条，并将每个长方条所生成的流量负载分配到指定的高速公路上。

次网连通路径： 基于 $\overline{\mathbb{C}}_s(\overline{h}_s)$ 构建次网连通路径。可以从每个次网连通格子中选取一个次网节点，连接它们得到类连通路径。将基于这些类连通路径来构造次网连通路径。与主网连通路径的主要不同点是必须保证次网连通路径不穿过任意的连通保护区(CP-R)。因此，可用类似于[98]中的方法，通过修改类连通路径来构造次网连通路径：当一条类连通路径遇到一个CP-R时，路径将沿着这个 CP-R 的边界绕行，如图 7-4 所示。称次网连通路径上的所有节点为次网连通路径站点。

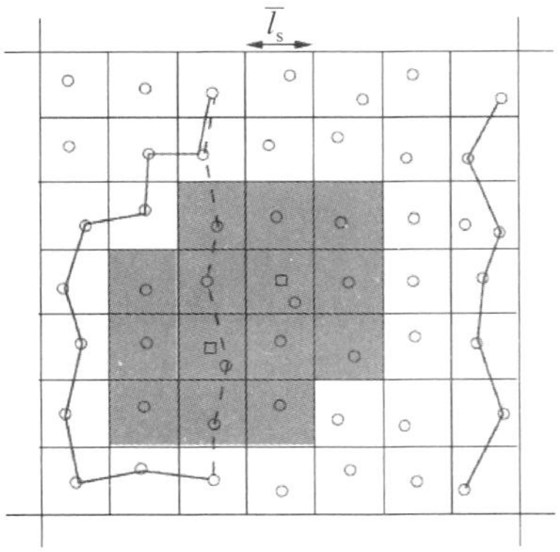

图 7-4 次网连通路径

服务集： 与 PaN 不同，在 SaN 中，一些次网的格子(包括次网渗流和连通格子)因为被保护区覆盖或者包围，所以不能被服务到，称这类格子为非服务格子，定义非服务格子中的所有节点的集合为 $\overline{\mathcal{V}}^s(m)$。定义所有次网组播源节点的集合为 $\mathcal{S}$(注意，为了描述简洁，在不产生混淆的情况下，将主网和次网的源点集合均表示为$\mathcal{S}$。需要指出，它们是完全不同的集合）。基于$\overline{\mathcal{V}}^s(m)$和$\mathcal{S}$，定义新的概念-服务集。服务集根据$m_d$和$m_s$可以分为两种情况：

定义 7.3　服务集

服务集，记为$\mathcal{S}'$是$\mathcal{S}$的一个子集，且

1）当$m_d = \omega(\log m_s)$，定义$\mathcal{S}' \coloneqq \mathcal{S} - \mathcal{S} \cap \mathcal{V}^s(m)$；

2）当$m_d = O(\log m_s)$，定义$\mathcal{S}' \coloneqq \{v_{\mathcal{S},i} \mid \mathcal{U}_{\mathcal{S},i} \cap \mathcal{V}^s(m) = \emptyset\}$。

对于每个 SaN 中源节点为$v_{\mathcal{S},i} \in \mathcal{S}'$的组播$\mathcal{M}_{\mathcal{S},i}$，定义一个集合$\mathcal{U}'_{\mathcal{S},i} = \{v_{\mathcal{S},i}\} \cup \mathcal{D}'_{\mathcal{S},i}$，其中，$\mathcal{D}'_{\mathcal{S},i} = \mathcal{D}_{\mathcal{S},i} - \mathcal{D}_{\mathcal{S},i} \cap \overline{\mathcal{V}}^s(m)$。将在后面证明在假设 7.2 下，$|\mathcal{S}'| \to |\mathcal{S}| = m_s$，且对任意$v_{\mathcal{S},i} \in \mathcal{S}'$，以高概率一致有$|\mathcal{D}'_{\mathcal{S},i}| \to |\mathcal{D}_{\mathcal{S},i}| = m_d$。

次网组播路由机制：首先，针对以$v_{\mathcal{S},i} \in \mathcal{S}'$为源点的生成集$\mathcal{U}'_{\mathcal{S},i}$，利用算法 3.1 我们构造 EST($\mathcal{U}'_{\mathcal{S},i}$)。基于 EST($\mathcal{U}'_{\mathcal{S},i}$)、次网渗流路径和次网连通路径，利用类似于算法 7.1 的方法构造出次网渗流组播路由树。

次网传输调度机制：为了与 PaN 同步，分别调度次网高速公路和次网连通路径（对应的两个调度阶段分别记为$\mathbb{M}_s^{t_1}$和$\mathbb{M}_s^{t_2}$），其中，$\mathbb{M}_s^{t_i}$的每个时间片长度等于$\mathbb{M}_p^{t_i}$（$i = 1, 2$）。$\mathbb{M}_s^{t_i}$的调度长度是$\mathbb{M}_p^{t_i}$的三倍。也就是说，采取两个独立的 27 - TDMA 的调度机制（在一个调度周期内，每个次网格子将被连续调度 3 次）。进而，在$\mathbb{M}_s^{t_1}$和$\mathbb{M}_s^{t_2}$阶段被调度链接的发送节点分别以功率$P \cdot (l_s)^\alpha$和$P \cdot (\bar{l}_s)^\alpha$发射信号。

（2）次网连通机制

与次网渗流机制不同，次网连通机制，只用到次网连通路径。

主网组播路由机制：基于次网连通路径采取类似于[81]中的 Manhattan 路由机制。

主网传输调度机制：因为只涉及次网连通路径，因此只采用次网连通路径调度机制$\overline{\mathbb{M}}_s^{t_2}$即可。

7.4.3 最优决策

根据 n 、n_d 、m 和 m_d 的关系，为 PaN 和 SaN 选择吞吐量性能更好的策略。

- 当 $n_d \in \left[1, \frac{n}{(\log n)^2}\right]$时，为 PaN 选择主网渗流机制。
- 当 $m_d \in \left[1, \frac{m}{(\log m)^2}\right]$时，为 SaN 选择次网渗流机制。
- 当 $m_d \in \left[\frac{m}{(\log m)^2}, m\right]$时，为 SaN 选择次网连通机制。
- 当 $n_d \in \left[\frac{n}{(\log n)^2}, n\right]$时，为 PaN 选择主网连通机制。
- 总是为 SaN 选择次网连通机制。

7.5 吞吐量分析

文献[78]中的组播定义可以看做是本章定义 7.2 的一个特例(对应于 $\rho_s \equiv 1$ 且 $\rho_d \equiv 1$)，可以导出 PaN 在[78]中定义以及本章定义下的组播吞吐量。而对于 SaN，主要考虑定义 7.2 下的吞吐量，即只考虑源节点属于服务集的组播会话。

7.5.1 服务集合分析

下面开始分析服务集并证明以下引理。

引理 7.6

针对 SaN 的服务集(定义 7.3)的势趋向于 m_s，即 $\frac{|\mathcal{S}'|}{|\mathcal{S}|} \to 1$，且对所

有 $v_{\mathcal{S},i} \in \mathcal{S}'$ 一致以高概率有 $\frac{|\mathcal{D}'_{\mathcal{S},i}|}{|\mathcal{D}_{\mathcal{S},i}|} \to 1$, as n, $m \to \infty$。

（1）未被服务格子总面积

基于引理 7.1，提出一个引理来证明所有保护区的簇的大小是有限的。

引理 7.7

当 $n < \frac{\mathfrak{p}_c}{8} \cdot \frac{m}{\log m}$ 时，任意保护区（包括渗流保护区和连通保护区）的簇至多包含 μ 个保护区。

证明　考虑泊松布林模型 $\mathcal{B}(\lambda, r)$，其中，$r = 2\sqrt{2}\max\{l_s, \bar{l}_s\} = 2\sqrt{2} \cdot \frac{\sqrt{\log m}}{\sqrt{m}}$ 且 $\lambda = n$。因为当 $\lambda_0 \cdot r_0{}^2 = \lambda \cdot r^2$ 时，关联图 $\mathcal{G}(\lambda_0, r_0) = \mathcal{G}(\lambda, r)$。因此，$\mathcal{B}(\lambda, r)$ 等价于 $\mathcal{B}(\lambda_0, r_0)$，其中，$r_0 = 1$ 且 $\lambda_0 = 8n \cdot \frac{\log m}{m}$。因为 $n < \frac{\mathfrak{p}_c}{8} \cdot \frac{m}{\log m}$，我们有 $\lambda \cdot r^2 < \mathfrak{p}_c$。根据引理 7.1，所有圆盘的簇的大小至多为一个常数 μ。因为一个半径为 $r/2$ 的圆盘能将一个保护区完全包含，所以所有保护区的簇的大小亦不超过常数 μ。

引理 7.8

非服务格子的总面积，记为 $S(m)$，至多为 $9 \cdot \mu \cdot n \cdot \frac{\log m}{m}$，其中，常数 μ 表示最大保护区簇中包含保护区的数量。

证明　对任意大小为 μ_i 的簇，存在一个边长为 $3\mu_i \bar{l}_s$ 的正方形能够完全包含所有这 μ_i 个保护区以及它们可能包围的非服务格子。因此，这 μ_i 个保护区导致的非服务格子的总面积，记为 $S(m, \mu_i)$，满足 $S(m, \mu_i) \leqslant 9 \cdot \mu_i{}^2 \cdot \frac{\log m}{m}$。从而，非服务格子总面积满足 $S(m) \leqslant S'_{\max}$，其中，$S_{\max}$ 是以下优化问题的最优解：

$$\begin{cases} \max \quad S = 9 \cdot \dfrac{\log m}{m} \cdot \sum_{i=1}^{n} \mu_i^2 \\ \text{s. t.} \quad \sum_{i=1}^{n} \mu_i = n,\ 1 \leqslant \mu_i \leqslant \mu,\ i = 1,\ 2,\ \cdots,\ n. \end{cases}$$

很容易导出 $S_{\max} = \dfrac{n}{\mu} \cdot \mu^2 \cdot 9 \cdot \dfrac{\log m}{m} = 9 \cdot \mu \cdot n \cdot \dfrac{\log m}{m}$，从而，完成引理证明。

(2) 当 $m_d = \omega(\log m_s)$

对于这种情况，根据定义 7.3，服务集定义为 $\mathcal{S}' = \mathcal{S} - \mathcal{S} \cap \bar{\mathcal{V}}^s(m)$。从而，有 $|\mathcal{S}'| = |\mathcal{S}| - |\mathcal{S} \cap \bar{\mathcal{V}}^s(m)|$。注意需要假设 7.2 的条件 $n = o(m/\log m)$。

引理 7.9

下式以高概率成立：$|\mathcal{S} \cap \bar{\mathcal{V}}^s(m)| \leqslant \bar{\rho}_s(m) \cdot m_s$，其中，$\bar{\rho}_s(m) \to 0$, as $m \to \infty$。

证明 定义一个随机变量 $\bar{\xi}^s = |\mathcal{S} \cap \bar{\mathcal{V}}^s(m)|$，其服从期望为 $\bar{\lambda}^s \leqslant m_s \cdot S_{\max} = 9 \cdot \mu \cdot m_s \cdot \dfrac{\log m}{m}$ 的泊松分布。根据引理 3.2 契诺夫界(Tails of Chernoff Bound)，我们有

$$\Pr\left(\bar{\xi}^s \geqslant 18\mu \cdot m_s \cdot n \cdot \frac{\log m}{m}\right) \leqslant (e/4)^{9 \cdot \mu \cdot m_s \cdot n \cdot \frac{\log m}{m}} \to 0.$$

因为 $n = o(m/\log m)$，得证 $\bar{\rho}_s(m) = o(1)$。

根据引理 7.9，可得到 $\dfrac{|\mathcal{S}'|}{|\mathcal{S}|} \to 1$。下面，针对所有的 $v_{\mathcal{S},i} \in \mathcal{S}'$，导出 $\dfrac{|\mathcal{D}_{\mathcal{S},i}|}{|\mathcal{D}'_{\mathcal{S},i}|}$ 的一致上界。首先估计 $|\mathcal{D}_{\mathcal{S},i} - \mathcal{D}'_{\mathcal{S},i}|$。

引理 7.10

对所有的 $v_{\mathcal{S},i} \in \mathcal{S}'$，以高概率有 $|\mathcal{D}_{\mathcal{S},i} - \mathcal{D}'_{\mathcal{S},i}| \leqslant \bar{\rho}_d(m) \cdot m_d$ 成立，

其中，$\bar{\rho}_d(m)=o(1)$。

证明　对每一个 $v_{\mathcal{S},i}\in\mathcal{S}'$，定义一个随机变量 $\bar{\xi}^d_{\mathcal{S},i}=|\mathcal{D}_{\mathcal{S},i}-\mathcal{D}'_{\mathcal{S},i}|$。根据引理 7.8，$\bar{\xi}^d_{\mathcal{S},i}$ 服从一个泊松分布，其期望值至多为 $9\cdot\mu\cdot m_d\cdot n\cdot\frac{\log m}{m}$。根据引理 3.2，我们有：

$$\bar{\rho}_d(m)=\begin{cases}O\left(\frac{n\cdot\log m}{m}\right) & \text{when}\quad m_d\cdot n\cdot\frac{\log m}{m}=\Omega(\log m_s)\\ O\left(\frac{\log m_s}{m_d}\right) & \text{when}\quad m_d\cdot n\cdot\frac{\log m}{m}=O(\log m_s)\end{cases}$$

因此，当 $m_d=\omega(\log m_s)$ 时，有 $\bar{\rho}_d(m)=o(1)$。

由引理 7.10，得到 $\frac{|\mathcal{D}_{\mathcal{S},i}|}{|\mathcal{D}'_{\mathcal{S},i}|}\rightarrow 1$, as $n, m\rightarrow\infty$。

结合引理 7.9 和引理 7.10，得证引理 7.6 针对 $m_d=\omega(\log m_s)$ 的情况。

(3) 当 $m_d=O(\log m_s)$ 时

对于这种情况，根据定义 7.3，服务集定义为

$$\mathcal{S}'=\{v_{\mathcal{S},i}\mid(v_{\mathcal{S},i}\in\mathcal{S})\wedge(\mathcal{U}_{\mathcal{S},i}\cap\bar{\mathcal{V}}^s(m)=\emptyset)\}.$$

与 $m_d=\omega(\log m_s)$ 时的情况不同，需要假设 7.2 中新的假设条件 $n=o\left(\frac{m}{m_d\cdot\log m}\right)$。首先给出以下引理。

引理 7.11

对所有的 $v_{\mathcal{S},i}\in\mathcal{S}'$，有 $\mathcal{D}'_{\mathcal{S},i}=\mathcal{D}_{\mathcal{S},i}$。

证明　根据 $\mathcal{S}'$ 的定义，对所有的 $v_{\mathcal{S},i}\in\mathcal{S}'$，$\mathcal{U}_{\mathcal{S},i}\cap\bar{\mathcal{V}}^s(m)=\emptyset$. 因为 $\mathcal{D}_{\mathcal{S},i}\subseteq\mathcal{U}_{\mathcal{S},i}$，所以 $\mathcal{D}_{\mathcal{S},i}\cap\bar{\mathcal{V}}^s(m)=\emptyset$。因此，$\mathcal{D}'_{\mathcal{S},i}=\mathcal{D}_{\mathcal{S},i}-\mathcal{D}_{\mathcal{S},i}\cap\bar{\mathcal{V}}^s(m)=\mathcal{D}_{\mathcal{S},i}$。

根据引理 7.11,有 $\frac{|\mathcal{D}_{\mathcal{S},i}|}{|\mathcal{D}'_{\mathcal{S},i}|}\to 1$。下面考虑 $\mathcal{S}'$ 的势。首先, $|\mathcal{S}'|\geqslant|\mathcal{S}|-|\mathcal{S}-\mathcal{S}'|$ 显然成立。

引理 7.12

下式以高概率成立: $|\mathcal{S}-\mathcal{S}'|\leqslant\bar{\bar{\rho}}_s(m)\cdot m_s$, 其中, $\bar{\bar{\rho}}_s(m)=o(1)$。

证明 定义一个随机变量 $\bar{\bar{\xi}}^s=|\mathcal{S}-\mathcal{S}'|$。从而, $\bar{\bar{\xi}}^s$ 服从一个泊松分布,其期望值满足 $\bar{\bar{\lambda}}^s\leqslant m_s\cdot(m_d+1)\cdot 9\cdot\mu\cdot n\cdot\frac{\log m}{m}$。根据引理 3.2,有

$$\Pr\left(\bar{\bar{\lambda}}^s\geqslant\frac{18\mu\cdot m_s\cdot(m_d+1)\cdot n\cdot\log m}{m}\right)\leqslant\left(\frac{\mathrm{e}}{4}\right)^{\frac{9\mu\cdot m_s\cdot(m_d+1)\cdot n\cdot\log m}{m}}\to 0.$$

由于 $n=o\left(\frac{m}{m_d\cdot\log m}\right)$, 有 $\bar{\bar{\rho}}_s(m)\leqslant\frac{18\mu\cdot m_s\cdot(m_d+1)\cdot n\cdot\log m}{m}\to 0$。从而,得证此引理。

依据引理 7.12,有 $\frac{|\mathcal{S}'|}{|\mathcal{S}|}\to 1$, as n, $m\to\infty$。

结合引理 7.11 和引理 7.12,得证引理 7.6 针对 $m_d=O(\log m_s)$ 的情况。

(4) 服务集合的意义

下面讨论服务集 $\mathcal{S}'$ 的作用。根据提出的路由机制,只有源节点属于服务集的组播才会被考虑,且对每个考虑到的组播 $\mathcal{M}_{\mathcal{S},i}$, 只有属于 $\mathcal{D}'_{\mathcal{S},i}$ 的目的节点才会被考虑。因此,根据引理 7.6,如果可以证明 SaN 中每个源节点为 $v_{\mathcal{S},i}$ 的组播会话 $\mathcal{M}_{\mathcal{S},i}$ 可以 λ 的速率将数据传输到 $\mathcal{D}'_{\mathcal{S},i}$ 中的所有节点上,就可以说 SaN 的组播可达吞吐量为 λ。因此,很明显,服务集 $\mathcal{S}'$ 就是发挥着定义 7.1 中 $\mathcal{S}'(1,1)$ 的作用。

7.5.2 组播吞吐量分析

下面运用第 3 章的引理 3.8 来分析组播容量。

(1) 当 $n_d \in \left[1, \frac{n}{(\log n)^2}\right]$ 且 $m_d \in \left[1, \frac{m}{(\log m)^2}\right]$

在这种情况下,PaN 采取 $\mathbb{M}_p$, SaN 采取 $\mathbb{M}_s$。首先,有:

引理 7.13

在 $\mathbb{M}_p^{r_1}$ 阶段(或 $\mathbb{M}_s^{r_1}$ 阶段),主网(或次网)高速公路的速率均可达 $\Omega(1)$。

证明　我们将分为两个部分来证明。

第一部分:分析主网高速公路。重申 $\mathcal{V}(\mathbb{M}_p^{r_1})$ 表示所有参与主网高速公路阶段的主节点集合。考虑 PaN 中的任意在时隙被调度的链接 $v_i^p \to v_j^p$,其中,v_i^p, $v_j^p \in \mathcal{V}(\mathbb{M}_p^{r_1})$。从而,$v_i^p$ 和 v_j^p 位于相邻的主网渗流格子中。

第一步,导出所有属于 $\mathcal{V}_\tau^P - \{v_i^p\}$ 的主节点在 v_j^p 上产生的干扰总和的上界。用 $I_\tau^{pp}(v_i^p, v_j^p)$ 表示这个干扰总和。在 8 个最近的格子中的发射点与 v_j^p 的距离至少为 l_p,即 $\frac{c}{\sqrt{n}}$。接下来,次近的 16 个格子与之的距离至少为 $4\,l_p$。扩展到整个区域来看,干扰总和可被界定为

$$
\begin{aligned}
I_\tau^{pp}(v_i^p, v_j^p) &\leqslant \sum_{i=1}^{\lceil 1/(l_p)^2 \rceil} 8i \cdot P\,(l_p)^\alpha \cdot \ell((3i-2)\cdot l_p) \\
&\leqslant P \cdot \sum_{i=1}^{n} 8i \cdot (3i-2)^{-\alpha}.
\end{aligned}
$$

因为 $\alpha > 2$,有 $\lim_{n\to\infty} I_\tau^{pp}(v_i^p, v_j^p) \leqslant 8P \cdot \Delta_3(\alpha)$,其中,$\Delta_3(\alpha)$ 是一个依赖于 α 的常数。

第二步,给出在时隙 τ 次网节点对 v_j^p 产生的干扰总和(记为 $I_\tau^{sp}(v_i^p, v_j^p)$)的上界。以 v_j^p 为中心的渗流保护区由 9 个次网渗流格子(SP - C)组成。因此,在任何时隙 τ, 9 个 SP - C 中至少存在一个格子(记为 c_τ)本来将被调度(如果它不在保护区内)。考虑包含 $\mathcal{V}_\tau^s$ 中节点的格子,所有位于

距离 c_τ 最近的 8 个格子中的次网节点与 v_j^p 的距离至少为 l_s，即 $\frac{c}{\sqrt{m}}$。因此，干扰总和可被界定为

$$\mathrm{I}_\tau^{sp}(v_i^p,\ v_j^p) \leqslant 8P \cdot \sum_{i=1}^{n} i \cdot (3i-2)^{-\alpha}.$$

因此，可以得到 $\lim_{n\to\infty} \mathrm{I}_\tau^{sp}(v_i^p,\ v_j^p) \leqslant 8P \cdot \Delta_4(\alpha)$.
其中，$\Delta_4(\alpha)$ 是一个依赖于 α 的常数。

第三步，给出信号强度的下界，记为 $S_\tau(v_i^p,\ v_j^p)$。因为任意直接的通信对都是位于相邻格子中，所以，$\| v_i^p v_j^p \| \leqslant \sqrt{5} \cdot l_p$。因此，信号的强度满足：

$$S_\tau(v_i^p,\ v_j^p) \geqslant P \cdot (l_p)^\alpha \cdot (\sqrt{5} \cdot l_p)^{-\alpha} = 5^{-\frac{\alpha}{2}} \cdot P.$$

最后，考虑 SINR 的极限。我们有：

$$R_\tau^p(v_i^p,\ v_j^p) \geqslant \log\left(1 + \frac{5^{\frac{\alpha}{2}}}{\frac{N_0}{P} + 8\Delta_3(\alpha) + 8\Delta_4(\alpha)}\right) \geqslant R_1,$$

其中，$R_1 > 0$ 是一个常数。因为 $\mathcal{V}(\mathbb{M}_p^{r_1})$ 中每个发射点在连续 9 个时隙中必然至少被调度一次。从而，主网高速公路的速率至少可达 $\frac{1}{9} \cdot R_1$。

第二部分：分析次网高速公路。对 SaN 中的任意链接 $v_i^s \to v_j^s$，如果 v_j^s 在渗流保护区之外，则它可能被服务到。然而，可能存在一个时隙 τ_0，其中一个主网节点 $v_0^p \in \mathcal{V}_p(v_i^s,\ \tau_0)$ 距离次网节点 v_j^s 太近了以至于在 v_j^s 上施加了破坏性的干扰。调度机制 $\mathbb{M}_s^{t_1}$ 可以防止这种情况发生。对于 SaN，同一个数据包将被连续发 3 次，从而，可以保证这 3 个时隙中至少有一个在其中所有的 $v^p \in \mathcal{V}_p(v_i^s,\ \tau)$ 与 v_j^s 的距离最小为 $\frac{l_p}{2}$。因此，

$$\mathrm{I}_\tau^{ps}(v_i^s,\ v_j^s) < \sum_{i=1}^{\infty} 8i \cdot P\,(l_p)^\alpha \cdot l((3i-2) \cdot l_p) + P\,(l_p)^\alpha \ell\left(\frac{l_p}{2}\right).$$

从而，$\mathrm{I}_{\tau}^{ps}(v_i^s, v_j^s) < 8P \cdot \Delta_3(\alpha) + 2^{\alpha} \cdot P$。

与第一部分类似，得到，$\mathrm{I}_{ss}(v_i^s, v_j^s) < 8P \cdot \Delta_3(\alpha)$。而且，

$$S_{\tau}(v_i^s, v_j^s) \geqslant P \cdot (l_s)^{\alpha} \cdot (\sqrt{5} \cdot l_s)^{-\alpha} = 5^{-\frac{\alpha}{2}} \cdot P.$$

则有，$R^s(v_i^s, v_j^s) \geqslant \log\left(1 + \frac{5^{-\frac{\alpha}{2}} \cdot P}{N_0 + 16\Delta_3(\alpha) + 2^{\alpha} \cdot P}\right) \geqslant R_2$。

其中，$R_2 > 0$ 是一个常数。因为 $\mathcal{V}(\mathbb{M}_s^{r_1})$ 的发射点在 27 个时隙中至少能被成功调度一次，所以，次网高速公路的速率可达 $\frac{1}{27} \cdot R_2$。

结合两个部分的分析，得证此引理。

下面，将逐个阶段地分析吞吐量，并根据引理 3.9，得到最终的可达吞吐量。为了简洁化分析，首先定义一些表达式。在考虑 PaN 中的第 k 个组播会话，用 $\prod_{\mathcal{S},k}^{p}$ 表示 $\mathcal{U}_{\mathcal{S},k}$ 的欧几里得生成树的有向边集合，即对所有 $v_{\mathcal{S},k} \in \mathcal{S}$，

$$\prod\nolimits_{\mathcal{S},k}^{p} = \{e_{ij} \mid e_{ij} = u_i u_j \in \mathrm{EST}(\mathcal{U}_{\mathcal{S},k})\}.$$

在考虑 SaN 中的第 k 个组播会话时，关注的是 $\mathcal{U}'_{\mathcal{S},k}$ 而不是 $\mathcal{U}_{\mathcal{S},k}$，从而，对所有的 $\mathcal{U}_{\mathcal{S},k} \in \mathcal{S}'$，定义 $\prod_{\mathcal{S},k}^{s} = \{e_{ij} \mid e_{ij} = u_i u_j \in \mathrm{EST}(\mathcal{U}'_{\mathcal{S},k})\}$，其中，$\mathcal{S}'$ 是服务集。重申事件 $\mathrm{E}(\mathbb{M}^{r_j}, \mathcal{M}_{\mathcal{S},k}, v_i)$ 表示组播 $\mathcal{M}_{\mathcal{S},k}$ 在第 j 阶段、在路由机制 $\mathbb{M}^{r_j}$ 下，经过节点 v_i（第 3 章）。在以下的分析中，为了简便，我们将用 $\prod_k$、$\mathcal{U}_k$ 和 $\mathcal{U}'_k$ 表示 $\prod_{\mathcal{S},k}$、$\mathcal{U}_{\mathcal{S},k}$ 和 $U'_{\mathcal{S},k}$；用 $\mathrm{E}(j, k, i)$ 表示 $\mathrm{E}(\mathbb{M}^{r_j}, \mathcal{M}_{\mathcal{S},k}, v_i)$。

在高速公路阶段，得到以下结论：

引理 7.14

在 $\mathbb{M}_p^{r_1}$ 阶段（或 $\mathbb{M}_s^{r_1}$ 阶段），主网（或次网）的组播吞吐量可达

$\Omega\left(\frac{1}{\sqrt{nn_d}}\right)$ $\left(或\ \Omega\left(\frac{1}{\sqrt{mm_d}}\right)\right)$。

证明 针对 PaN 的结果进行分析，然后将其扩展到 SaN 的情况。根据引理 7.13，所有主网高速公路上的站点在 $\mathbb{M}_p^{t_1}$ 阶段，皆可维持常数速率，即 $R_1^P=\Omega(1)$。根据引理 3.8，只需要证明所有主网高速公路站点的充分区域面积不超过 $Q_1^P=O\left(\frac{\sqrt{n_d}}{\sqrt{n}}\right)$。

考虑一个主网高速公路站点 v_t^p。

首先，分析事件 E(1, k, t)。对任意 $e_{ij}\in\prod_k$，定义事件 $\mathrm{E}_{ij}(1,k,t)$：在 $\mathbb{M}_p^{r_1}$ 阶段，从 u_i 到 u_j 的路由通过站点 v_t^p 很明显有，$\Pr(\mathrm{E}(1,k,t))=\Pr(\bigcup_{e_{ij}\in\Pi_k}\mathrm{E}_{ij}(1,k,t))$。由联合界(union bounds)，则有：

$$\Pr(\mathrm{E}(1,k,t))\leqslant\min\Big\{\sum_{e_{ij}\in\Pi_k}\Pr(\mathrm{E}_{ij}(1,k,t)),1\Big\}.$$

其次，给出 $\Pr(\mathrm{E}_{ij}(1,k,t))$ 的上界。考虑 $u_i\rightarrow u_j$ 在 $\mathbb{M}_p^{r_1}$ 阶段的路由，定义数据被水平(或垂直)传输的距离为水平(或垂直)跨越距离，记为 $L_{ij}^{P,h}$(或 $L_{ij}^{P,v}$)。从而有：

$$L_{ij}^{P,h}\leqslant\|u_iu_{i,j}\|+\bar{\omega}(n),\ L_{ij}^{P,v}\leqslant\|u_ju_{i,j}\|+\bar{\omega}(n).$$

其中，节点 $u_{i,j}$ 由算法 7.1 确定，$h_p=\left\lceil\frac{\sqrt{n}}{\sqrt{2}c}\right\rceil$ 且 $\bar{\omega}(n)=\frac{\sqrt{2}c}{\sqrt{n}}\cdot(\kappa\log h_p-\epsilon(h_p)+1)+\frac{\sqrt{\log n}}{\sqrt{n}}$。考虑一个面积为 $w_p\times2(L_{ij}^{P,h}+L_{ij}^{P,v})$ 的矩形区域 $\mathcal{Q}_{ij}(1,k,t)$(其中 w_p 表示条的宽度)，则有：

$$\Pr(\mathrm{E}_{ij}(1,k,t))\leqslant\Pr(u_i\ 位于\mathcal{Q}_{ij}(1,k,t)\ 中).$$

最后，给出 $\|\mathcal{Q}(1,k,t)\|$ 的一个上界为 Q_1^P：

$$\| \mathcal{Q}(1, k, t) \| \leqslant \sum_{e_{ij} \in \Pi_k} 2w_p \cdot (L_{ij}^{P,h} + L_{ij}^{P,v}).$$

通过引理 3.3,我们有:

$$\| \mathrm{EST}(\mathcal{U}_{\mathcal{S},k}) \| = \sum_{e_{ij} \in \Pi_k} \| u_i u_j \| < 2\sqrt{2} \cdot \sqrt{n_d}.$$

因为 $\| u_i u_{i,j} \| + \| u_{i,j} u_j \| \leqslant \sqrt{2} \| u_i u_j \|$,所以,

$$\| \mathcal{Q}(1, k, t) \| = O(\sqrt{n_d}/\sqrt{n} + n_d \log n/n).$$

由于 $n_d = O(n/(\log n)^2)$,即 $\sqrt{n_d}/\sqrt{n} = \Omega(n_d \log n/n)$。从而,$Q_1^P = O(\sqrt{n_d}/\sqrt{n})$。因此,证得 PaN 的结果。运用类似的过程,可以得到 SaN 的结果。

下面,分析连通路径阶段:$\mathbb{M}_p^{r_2}$ 阶段(或 $\mathbb{M}_s^{r_2}$ 阶段)。

引理 7.15

在 $\mathbb{M}_p^{r_2}$ 阶段(或 $\mathbb{M}_s^{r_2}$ 阶段),主网(或次网)的组播吞吐量可达 $\Omega\left(\frac{1}{n_d} \cdot (\log n)^{-\frac{3}{2}}\right)$ $\left(或 \Omega\left(\frac{1}{m_d} \cdot (\log m)^{-\frac{3}{2}}\right)\right)$。

证明　运用与引理 7.13 类似的过程,可以证明在 $\mathbb{M}_p^{r_2}$ 阶段(或 $\mathbb{M}_s^{r_2}$ 阶段),主网或次网连通路径均可维持常数速率。因此,只需证明 $v_t^p \in \mathcal{V}(\mathbb{M}_p^{r_2})$(或 $v_t^s \in \mathcal{V}(\mathbb{M}_s^{r_2})$)的充分区域面积至多为 $Q_2^P = O\left(\frac{n_d}{n} \cdot (\log n)^{\frac{3}{2}}\right)$ $\left(或者 Q_2^s = O\left(\frac{m_d}{m} \cdot (\log m)^{\frac{3}{2}}\right)\right)$。

第一部分(对 PaN):给定一个主网节点,$v_t^p \in \mathcal{V}(\mathbb{M}_p^{r_2})$,首先考虑事件 $\mathrm{E}(2, k, t)$。对于 $e_{ij} \in \prod_k$,定义 $\mathrm{E}_{ij}(2, k, t)$ 为:在 $\mathbb{M}_p^{r_2}$ 阶段,$u_i \rightarrow u_j$ 的路由经过节点 v_t^p。从而,则有:

$$\Pr(\mathrm{E}(2,\ k,\ t)) \leqslant \min\{n_d \cdot \max_{e_{ij} \in \Pi_k}\{\Pr(\mathrm{E}_{ij}(2,\ k,\ t))\},\ 1\}.$$

接下来,考虑 $\Pr(\mathrm{E}_{ij}(2,\ k,\ t))$ 的上界。在 $u_i \rightarrow u_j$ 的路由的 $\mathbb{M}_p^{r_2}$ 阶段,记数据传输的水平和垂直方向最大的距离分别为 $\bar{L}_{ij}^{P,h}$ 和 $\bar{L}_{ij}^{P,v}$,则有:

$$\bar{L}_{ij}^{P,h} \leqslant \frac{\sqrt{2}c}{\sqrt{n}} \cdot \kappa \cdot \log h_p + \bar{l}_p,\ \bar{L}_{ij}^{P,v} \leqslant \frac{\sqrt{2}c}{\sqrt{n}} \cdot \kappa \cdot \log h_p + \bar{l}_p$$

其中,$h_p = \left\lceil \frac{\sqrt{n}}{\sqrt{2}c} \right\rceil$ 且 $\bar{l}_p = \frac{\sqrt{\log n}}{\sqrt{n}}$。考虑一个大小为 $\bar{l}_p \times (\bar{L}_{ij}^{P,h} + \bar{L}_{ij}^{P,v})$ 的长方形区域 $\mathcal{Q}_{ij}(2,\ k,\ t)$,有 $\| \mathcal{Q}_{ij}(2,\ k,\ t) \| = O\left(\frac{(\log n)^{3/2}}{n}\right)$。进而,

$$\Pr(\mathrm{E}_{ij}(2,\ k,\ t)) \leqslant \Pr(u_i \text{ 位于} \mathcal{Q}_{ij}(2,\ k,\ t) \text{ 中}).$$

因此有:

$$\begin{aligned} \| \mathcal{Q}(2,\ k,\ t) \| &\leqslant n_d \cdot \max_{e_{ij} \in \Pi_k}\{ \| \mathcal{Q}_{ij}(2,\ k,\ t) \| \} \\ &= O\left(\frac{n_d \cdot (\log n)^{3/2}}{n}\right). \end{aligned}$$

最后,可以选择 $Q_2^P = O\left(\frac{n_d}{n} \cdot (\log n)^{\frac{3}{2}}\right)$,从而得证此引理。

第二部分(对 SaN):与第一部分的重要不同是:路径由于保护区的拦阻而不能直接水平或者垂直延伸。路径需要沿着保护区的边界绕行,这将增加数据的传输距离和一些点的充分区域的面积。只要证明对所有 $v_t^s \in \mathcal{V}(\mathbb{M}_s^{r_2})$ 而言,其充分区域的面积的阶不会增加即可。对于任意次网节点 $v_t^s \in \mathcal{V}(\mathbb{M}_s^{r_2})$,首先考虑事件 $\mathrm{E}_s(2,\ k,\ t)$。定义事件 $\mathrm{E}_{ij}^s(2,\ k,\ t)$ 为:$u_i \rightarrow u_j$ 的路由在 $\mathbb{M}_s^{r_2}$ 阶段通过了节点 v_t^s。接下来,将构造区域 $\mathcal{Q}_{ij}^s(2,\ k,\ t)$ 使得

$$\Pr(\mathrm{E}_{ij}^s(2,\ k,\ t)) \leqslant \Pr(u_i \text{ 位于} \mathcal{Q}_{ij}^s(2,\ k,\ t) \text{ 中}).$$

以包含 v_t^s 的次网连通格子为中心，区域 $Q_{ij}^s(2, k, t)$ 的大小为 $3 \cdot \mu \cdot \bar{l}_s \times \frac{\sqrt{2}c}{\sqrt{m}} \cdot (\kappa \log h_s - \epsilon(h_s))$。从而，可得 $\| Q_{ij}^s(2, k, t) \| = O\left(\frac{(\log m)^{3/2}}{m}\right)$。根据引理 7.8，我们可得 $Q_2^s = O\left(\frac{m_d}{m} \cdot (\log m)^{\frac{3}{2}}\right)$，从而完成此引理的证明。

结合引理 7.14 和引理 7.15，我们得到

定理 7.4

当 $n_d \in \left[1, \frac{n}{(\log n)^2}\right]$ 且 $m_d \in \left[1, \frac{m}{(\log m)^2}\right]$，PaN 和 SaN 的每会话可达组播吞吐量分别为 $\Omega(\mathbf{f}_2(n, n_d))$ 和 $\Omega(\mathbf{f}_2(m, m_d))$。

（2）当 $n_d \in \left[1, \frac{n}{(\log n)^2}\right]$ 且 $m_d \in \left[\frac{m}{(\log m)^2}, m\right]$

在这种情况下，PaN 采取 $\mathbb{M}_p$，SaN 采取 $\bar{\mathbb{M}}_s$。在 $\mathbb{M}_p^{r_1}$ 阶段，可以让 SaN 闲置，这样不会改变吞吐量的阶。因此，在 $\mathbb{M}_p^{r_1}$ 阶段，PaN 的吞吐量不会小于前面的情况。在 $\mathbb{M}_p^{r_2}$ 阶段，SaN 运行 $\bar{\mathbb{M}}_s$ 机制，运用类似于引理 7.15 的方法，可以证明 $\bar{\mathbb{M}}_s$ 对 PaN 中的传输产生的干扰不会超过 $\mathbb{M}_s^{t_1}$ 产生的干扰。基于以上的分析，可得到：

引理 7.16

在 $\mathbb{M}_p^{r_1}$ 阶段，主网的组播吞吐量可达 $\Omega\left(\frac{1}{\sqrt{n n_d}}\right)$；在 $\mathbb{M}_p^{r_2}$ 阶段，主网的组播吞吐量可达 $\Omega\left(\frac{1}{n_d} \cdot (\log n)^{-3/2}\right)$。

下面，分析 SaN 的组播吞吐量。

引理 7.17

次网 SaN 的组播吞吐量可达 $\Omega(\mathbf{f}_2(m, m_d))$。

证明 我们只需证明对任意 $v_t^s \in \mathcal{V}(\bar{\mathbb{M}}_s^{r_2})$，其充分区域的面积的上界为

$$\bar{Q}^S=\begin{cases}O\left(\sqrt{\dfrac{m_d\cdot\log m}{m}}\right) & \text{when}\quad m_d:\left[1,\ \dfrac{m}{\log m}\right]\\ O(1) & \text{when}\quad m_d:\left[\dfrac{m}{\log m},\ m\right]\end{cases}$$

定义事件 $\bar{\mathrm{E}}^s(1,k,t)$ 为：在 $\bar{\mathbb{M}}_s^r$ 阶段，$\mathcal{M}_{S,k}$ 通过节点 $\bar{v}_t^s$。对任意 $e_{ij}=u_iu_j\in\prod_k$，定义事件 $\bar{\mathrm{E}}_{ij}^s(1,k,t)$ 为：在机制 $\bar{\mathbb{M}}_s^r$ 下，$u_i\to u_j$ 的路由通过节点 $\bar{v}_t^s$。下面，我们构造区域 $\bar{Q}_{ij}^s(1,k,t)$ 使得

$$\Pr(\bar{\mathrm{E}}_{ij}^s(1,k,t))\leqslant\Pr(u_i\text{ 位于}\bar{Q}_{ij}^s(1,k,t)\text{ 中}).$$

与引理 7.15 的第二部分类似，必须使路由路径绕过保护区的阻拦。因此，构造区域 $\bar{Q}_{ij}^s(1,k,t)$ 为：以包含 $\bar{v}_t^s$ 的次网连通格子为中心、大小为 $3\cdot\mu\cdot\bar{l}_s\times2\cdot(\|u_iu_{i,j}\|+\|u_{i,j}u_j\|+2\cdot\bar{l}_s)$ 的矩形区域。所以，则有：

$$\|\bar{Q}^s(1,k,t)\|\leqslant\min\left\{\sum_{e_{ij}\in\Pi_k}\|\bar{Q}_{ij}^s(1,k,t)\|,1\right\}.$$

根据引理 3.3，我们有：

$$\|\bar{Q}^s(1,k,t)\|=O\left(\sqrt{\frac{m_d\cdot\log m}{m}}+\frac{m_d\cdot\log m}{m}\right).$$

从而，得证此引理。

定理 7.5

当 $n_d\in\left[1,\dfrac{n}{(\log n)^2}\right]$ 且 $m_d\in\left[\dfrac{m}{(\log m)^2},m\right]$，PaN 和 SaN 的每会话可达组播吞吐量分别为 $\Omega(\mathbf{f}_2(n,n_d))$ 和 $\Omega(\mathbf{f}_2(m,m_d))$。

(3) 当 $n_d\in\left[\dfrac{n}{(\log n)^2},n\right]$

在这种情况下，PaN 采取 $\bar{\mathbb{M}}_p$，SaN 采取 $\bar{\mathbb{M}}_s$。运用与上述类似的分析过程，可以得到：

定理 7.6

当 $n_d \in \left[\frac{n}{(\log n)^2}, n\right]$，PaN 和 SaN 的每会话可达组播吞吐量分别为 $\Omega(\mathbf{f}_2(n, n_d))$ 和 $\Omega(\mathbf{f}_2(m, m_d))$。

7.6　本章小结

本章研究认知网络的组播容量。对于主自组织网络的两种经典组播策略，我们为次自组织网络设计了相应的组播策略。在保证不影响主网吞吐量阶的情况下，使得次网的吞吐量在某些情况下达到渐近最优。

在下一步的工作中，首先，有必要将结果扩展到主网为混合网的情况。另外，只研究随机密集网的情况。进一步探究主网和次网至少有一个为扩展网的模型，也是一项有意义的工作。

第8章 结论与展望

本章对全书进行总结，并对进一步的研究工作进行展望。

8.1 工作总结

基本性能的标度律是无线网络研究中的重要问题，是部署和优化网络的重要理论参考。本书对这一问题进行了初步探讨，对于具有不同通信模型、扩展模型、移动模型和会话类别的代表性网络进行分析，初步建立了一般无线网络标度律问题的基本图景，给出了具有一定普遍意义的分析方法。

第一，静态自组织网络的标度律研究。本书提出了针对一般密度的同构随机网络的吞吐量分析方法和容量上界推导依据，给出了针对随机扩展网的、相对一般的组播容量。本书的结果统一了已有结果中的单播和广播容量。特别地，我们设计了并行调度机制，得以显著地提高网络吞吐量。这种方法也可以用到其他稀疏的同构无线网络中。

第二，移动自组织网络的基本限制研究。本书首次研究了移动自组织网络在自适应速率模型下的渐近容量和延迟。已有工作都是考虑固定速率模型，从而，对于通信距离的设置比较严格。当系统采用自适应速率模型时，很多情况下，通信关键距离可以提高，从而在一定条件下能够减少网络延迟。特别是，针对已有工作中常采用的 I. I. D. 模型，本书证明其容量和延迟在一般物理模型下甚至可以同时最优；并指出这种过于理想化的结果源自 I. I. D. 模型的特殊性。

第三，无线混合网络渐近性能研究。设置转发基站是增加自组织网络容量的重要手段。本书重研究静态混合无线网络的吞吐量，比较全面地考虑了三大类通信策略，即 ad hoc 机制、基站机制和混合机制。依据会话目的节点的数目和基站数量，给出了最优的决策选择，并给出相应的最优吞吐量。本书结果将有可能被用到针对一般性混合无线网络的分析当中。

第四，无线传感器网络聚合容量分析。无线传感器网络的一个关键应用就是数据汇集，即传感器将数据(可能通过多跳的形式)传送到 sink 节点上。网内数据聚合在提高传感器网络的容量方面发挥着重要的作用，是 WSN 节约能量的主要手段之一，原因是通信的能量消耗要远远高于计算的能量消耗。因此，本书定义针对 sink 节点关注的特定函数，即传感器网络的计算和传输数据的综合能力为聚合容量。针对以固定的密度做区域扩展的无线传感器网络模型，本书给出了多种函数的聚合容量，并针对可分完美压缩的聚合函数(包括常见的 Max、Min 和 Range 等)，给出了首个基于结构的可扩展聚合协议。

第五，认知自组织网络的容量标度律研究。当前无线网络设施一方面面临着频谱资源严重不足的境况，而另一方面已授权的用户未能充分地利用得到的频谱，使得资源在时间和空间上都存在着可被别的用户机会型使用的可能性。本书分析了由两个自组织网络(主网和次网)组成的认知网络模型，并直接针对组播展开研究。本书拓展了网络组播容量的定义，提出了服务集的概念，设计了基于两类保护区的绕行组播路由，推导出使主网和次网能够同时达到最优容量的关键条件，包括网络密度比值和主/次网组播会话的目的节点数目等。这为下一步研究更为一般模型下的认知网络容量打下一定的基础。

8.2 研究展望

本研究虽然取得了一些成果，但依然任重道远，尚有许多有待深入的研究工作，这里简要提出几个拓展方向：

第一，更现实的网络通信模型。本书给出的是网络理论层次的容量标度律。这一点可以从本书采用的一般物理通信模型中看出。在本书的协议中，未考虑合作通信（Cooperative Communication）的情况。在引入更复杂的物理层技术之后，比方说 MIMO，可以得到更接近信息理论层次下的网络容量上界。如何给出一般性无线网络的信息理论层次下的标度律，是下一步工作的研究重点。

第二，更一般的拓扑扩展模式。本研究的随机网络除第 6 章外，均是集中在随机密集网或者随机扩展网这两类典型的模型上。针对一般密度的同构随机网络标度律问题，是值得研究的问题之一。另外，本书考虑的模型均是在同构的情况下，未来的工作重点应该在异构网络的基本性能分析上。

第三，更全面的传输会话类别。本书在不同的章节分别针对不同的网络考虑了单播、广播、组播和聚播（收敛会话 ConvergeCast）四类会话模式。但是，在无线网络中，尤其是移动自组织网络中，这四类会话不能代表全部的模式。如 2.4 节所指，一般的信息分发会话中，就还有独具个性的任播和选播。给出无线网络一般会话模式的标度律，也是下一步需要着重研究的问题之一。

第四，更新颖的分析设计思路。本书基于对随机网络的概率/随机过程的分析给出网络的容量或延迟上界；基于同构随机网络的拓扑特征（包括连通性条件）和渗流理论等设计通信策略。在结果中，仍有部分情况，我们给出的上下界不紧。因此，有必要引入更新颖的分析模型和依据来尽可能收缩上界，或者引入更有效的构造算法来设计新的策略得以提高下界。给出紧的网络基本性质界限对实际网络的部署和分析具有指导意义。

参考文献

[1] Minoli D, Gitman I, and Walters D. "Analytical model for initialization of single hop packet radio networks," *IEEE Transactions on Communications*, vol. 27, no. 12, pp. 1959 - 1967, 1979.

[2] Beyer D A. "Accomplishments of the DARPA SURAN Program," in *Proc. IEEE Milcom 1990*.

[3] Leiner B M, Ruther R, and Sastry A R. "Goals and challenges of the DARPA GloMo program," *IEEE Personal Communications*, vol. 3, no. 6, pp. 34 - 43, 1996.

[4] Murthy C and Manoj B. *Ad hoc wireless networks: architectures and protocols*: Prentice Hall PTR, 2004.

[5] AYDIN A Ö. "Fundamental limits and optimal operation in large wireless networks," PhD. Thesis, Information Processing Group at EPFL, 2009.

[6] Gupta P and Kumar P R. "The capacity of wireless networks," *IEEE Transactions on Information Theory*, vol. 46, no. 2, pp. 388 - 404, 2000.

[7] Hekmat R. *Ad-hoc networks: fundamental properties and network topologies*: Springer, 2006.

[8] Karaoguz J. "High-rate wireless personal area networks," *IEEE Communications Magazine*, vol. 39, no. 12, pp. 96 - 102, 2001.

[9] Howitt I. "WLAN and WPAN coexistence in UL band," *IEEE Transactions on Vehicular Technology*, vol. 50, no. 4, pp. 1114 - 1124, 2001.

[10] Howitt I and Ham S Y. "Site specific WLAN and WPAN coexistence evaluation," in *Proc. IEEE WCNC 2003*.

[11] Akyildiz I F, Su W, Sankarasubramaniam Y, and Cayirci E. "Wireless sensor networks: a survey," *Computer Networks*, vol. 38, no. 4, pp. 393 - 422, 2002.

[12] Sohrabi K, Gao J, Ailawadhi V, and Pottie G J. "Protocols for self-organization of a wireless sensor network," *IEEE Personal Communications*, vol. 7, no. 5, pp. 16 - 27, 2000.

[13] Xu N, Rangwala S, Chintalapudi K K, Ganesan D, Broad A, Govindan R, and Estrin D. "A wireless sensor network for structural monitoring," in *Proc. ACM SenSys 2004*.

[14] Garetto M, Nordio A, Chiasserini C F, and Leonardi E. "Information-theoretic capacity of clustered random networks," in *Proc. IEEE ISIT 2010*.

[15] Xie L L and Kumar P. "On the path-loss attenuation regime for positive cost and linear scaling of transport capacity in wireless networks," *IEEE/ACM Transactions on Networking*, vol. 52, no. 6, pp. 2313 - 2328, 2006.

[16] Kumar P and Xue F. *Scaling Laws for Ad-Hoc Wireless Networks: An Information Theoretic Approach*: Now Publishers Inc, 2006.

[17] Xie L L and Kumar P. "A network information theory for wireless communication: scaling laws and optimal operation," *IEEE Transactions on Information Theory*, vol. 50, no. 5, pp. 748 - 767, 2004.

[18] Hu C, Wang X, Nie D, and Zhao J. "Multicast scaling laws with hierarchical cooperation," in *Proc. IEEE INFOCOM 2010*.

[19] ÖzgÜr A, LÉvÊque O , and Tse D. "Hierarchical Cooperation Achieves Optimal Capacity Scaling in Ad Hoc Networks," *IEEE Transactions on Information Theory*, vol. 53, no. 10, pp. 3549 - 3572, 2007.

[20] Gollakota S, Perli S D, and Katabi D. "Interference alignment and cancellation,"

in *Proc. ACM SigComm 2009*.

[21] Venkatesan S, Simon S H, and Valenzuela R A. "Capacity of a Gaussian MIMO channel with nonzero mean," in *Proc. IEEE VTC 2003 - Fall*.

[22] Bai X , Yun Z, Xuan D, Lai T H, and Jia W. "Deploying four-connectivity and full-coverage wireless sensor networks," in *Proc. IEEE INFOCOM 2008*.

[23] Bai X, Zhang C, Xuan D, Teng J, and Jia W. "Low-connectivity and full-coverage three dimensional wireless sensor networks," in *Proc. ACM MobiHoc 2009*.

[24] Goussevskaia O, Wattenhofer R, HalldRrsson M M, and Welzl E. "Capacity of arbitrary wireless networks," in *Proc. INFOCOM 2009*.

[25] Sharma G, Mazumdar R, and Shroff N. "Delay and capacity trade-offs in mobile ad hoc networks: A global perspective," *IEEE/ACM Transactions on Networking* (*TON*), vol. 15, no. 5, pp. 981 - 992, 2007.

[26] 孙利民,李建中,陈渝等.无线传感器网络[M].北京:清华大学出版社,2005.

[27] 崔莉,鞠海玲,苗勇.无线传感器网络研究进展[J].计算机研究与发展,2005,42(1):163 - 174.

[28] 任丰原,黄海宁,林闯.无线传感器网络[J].软件学报,2003,14(7):1282 - 1291.

[29] Basagni S, Conti M, Giordano S, et al. Mobile ad hoc networking. Wiley-IEEE press, 2004.

[30] Akyildiz I F, Wang X, Wang W. Wireless mesh networks: a survey. *Computer Networks*, 2005, 47(4): 445 - 487.

[31] 杨盘隆,陈贵海.无线网状网容量分析与优化理论研究[J].软件学报,2008,19(3):687 - 701.

[32] Hartenstein H, Laberteaux K, and Corporation E. *VANET Vehicular Applications and Inter-Networking Technologies*: Wiley Online Library, 2010.

[33] Pishro-Nik H, Valaee S, and Nekovee M. "Vehicular ad hoc networks," *EURASIP Journal on Advances in Signal Processing*, vol. 2010, p. 9, 2010.

[34] Yousefi S, Mousavi M S, and Fathy M. "Vehicular ad hoc networks (VANETs): challenges and perspectives," in *Proc. IEEE the 6th International Conference on ITS*, 2006.

[35] Hartenstein H and Laberteaux K P. "A tutorial survey on vehicular ad hoc networks," *IEEE Communications Magazine*, vol. 46, no. 6, pp. 164 - 171, 2008.

[36] Alfano G, Garetto M, Leonardi E, and Martina V. "Capacity scaling of wireless networks with inhomogeneous node density: lower bounds," *IEEE/ACM Transactions on Networking (TON)*, vol. 18, no. 5, pp. 1624 - 1636, 2010.

[37] Alfano G, Garetto M, and Leonardi E. "Capacity scaling of wireless networks with inhomogeneous node density: Upper bounds," *IEEE Journal on Selected Areas in Communications*, vol. 27, no. 7, pp. 1147 - 1157, 2009.

[38] Peng Q, Wang X, and Tang H. "Heterogeneity Increases Multicast Capacity in Clustered Network," in *Proc. IEEE INFOCOM 2011*.

[39] Barabási A L and Albert R. "Emergence of Scaling in Random Networks," *Science*, vol. 286, no. 5439, pp. 509 - 512, 1999.

[40] Camp T, Boleng J, and Davies V. "A survey of mobility models for ad hoc network research," *Wireless communications and mobile computing*, vol. 2, no. 5, pp. 483 - 502, 2002.

[41] Chau C K, Chen M, and Liew S C. "Capacity of large-scale csma wireless networks," in *ACM MobiCom*, 2009.

[42] Sun Q, Cox D C, Huang H C, and Lozano A. "Estimation of continuous flat fading MIMO channels," *IEEE Transactions on Wireless Communications*, vol. 1, no. 4, pp. 549 - 553, 2002.

[43] Valenti M C and Woerner B D. "Iterative channel estimation and decoding of pilot symbol assisted turbo codes over flat-fading channels," *IEEE Journal on Selected Areas in Communications*, vol. 19, no. 9, pp. 1697 - 1705, 2001.

[44] Pop M F and Beaulieu N C. "Limitations of sum-of-sinusoids fading channel

simulators," *IEEE Transactions on Communications*, vol. 49, no. 4, pp. 699 - 708, 2001.

[45] Davis L M, Collings I B, and Hoeher P. "Joint MAP equalization and channel estimation for frequency-selective and frequency-flat fast-fading channels," *IEEE Transactions on Communications*, vol. 49, no. 12, pp. 2106 - 2114, 2001.

[46] Marzetta T L and Hochwald B M. "Capacity of a mobile multiple-antenna communication link in Rayleigh flat fading," *IEEE Transactions on Information Theory*, vol. 45, no. 1, pp. 139 - 157, 1999.

[47] Ho Y, Li H, and Chen Y. "Flat channel-passband-wavelength multiplexing and demultiplexing devices by multiple-Rowland-circle design," *IEEE Photonics Technology Letters*, vol. 9, no. 3, pp. 342 - 344, 1997.

[48] Vitetta G M and Taylor D P. "Maximum likelihood decoding of uncoded and coded PSK signal sequences transmitted over Rayleigh flat-fading channels," *IEEE Transactions on Communications*, vol. 43, no. 11, pp. 2750 - 2758, 1995.

[49] Han K Y, Lee S W, Lim J S, and Sung K M. "Channel estimation for OFDM with fast fading channels by modified Kalman filter," *IEEE Transactions on Consumer Electronics*, vol. 50, no. 2, pp. 443 - 449, 2004.

[50] Tsybakov B S. "File transmission over wireless fast fading downlink," *IEEE Transactions on Information Theory*, vol. 48, no. 8, pp. 2323 - 2337, 2002.

[51] Stamoulis A, Diggavi S N, and Al-Dhahir N. "Estimation of fast fading channels in OFDM," in *Proc. IEEE WCNC 2002*.

[52] Muller-Weinfurtner S H. "Coding approaches for multiple antenna transmission in fast fading and OFDM," *IEEE Transactions on Signal Processing*, vol. 50, no. 10, pp. 2442 - 2450, 2002.

[53] Firmanto W, Vucetic B S, and Yuan J. "Space-time TCM with improved performance on fast fading channels," *IEEE Communications Letters*, vol. 5, no. 4, pp. 154 - 156, 2001.

[54] Sayeed A M, Sendonaris A, and Aazhang B. "Multiuser detection in fast-fading

multipath environments," *IEEE Journal on Selected Areas in Communications*, vol. 16, no. 9, pp. 1691 - 1701, 1998.

[55] Eyceoz T, Duel-Hallen A, and Hallen H. "Deterministic channel modeling and long range prediction of fast fading mobile radio channels," *IEEE Communications Letters*, vol. 2, no. 9, pp. 254 - 256, 1998.

[56] Makrakis D, Mathiopoulos P T, and Bouras D P. "Optimal decoding of coded PSK and QAM signals in correlated fast fading channels and AWGN: A combined envelope, multiple differential and coherent detection approach," *Communications, IEEE Transactions on*, vol. 42, no. 1, pp. 63 - 75, 1994.

[57] Nabar R U, Bolcskei H, and Kneubuhler F W. "Fading relay channels: Performance limits and space-time signal design," *IEEE Journal on Selected Areas in Communications*, vol. 22, no. 6, pp. 1099 - 1109, 2004.

[58] Laneman J N, Tse D N C, and Wornell G W. "Cooperative diversity in wireless networks: Efficient protocols and outage behavior," *IEEE Transactions on Information Theory*, vol. 50, no. 12, pp. 3062 - 3080, 2004.

[59] Laneman J N and Wornell G W. "Distributed space-time-coded protocols for exploiting cooperative diversity in wireless networks," *IEEE Transactions on Information Theory*, vol. 49, no. 10, pp. 2415 - 2425, 2003.

[60] Telatar I E and Tse D N C. "Capacity and mutual information of wideband multipath fading channels," *IEEE Transactions on Information Theory*, vol. 46, no. 4, pp. 1384 - 1400, 2000.

[61] Swami A and Sadler B M. "Hierarchical digital modulation classification using cumulants," *IEEE Transactions on Communications*, vol. 48, no. 3, pp. 416 - 429, 2000.

[62] Yoon Y C and Leib H. "Maximizing SNR in improper complex noise and applications to CDMA," *IEEE Communications Letters*, vol. 1, no. 1, pp. 5 - 8, 1997.

[63] Li J and Stoica P. "An adaptive filtering approach to spectral estimation and SAR

imaging," *IEEE Transactions on Signal Processing*, vol. 44, no. 6, pp. 1469 - 1484, 1996.

[64] Arratia R, Goldstein L, and Gordon L. "Poisson approximation and the Chen-Stein method," *Statistical Science*, vol. 5, no. 4, pp. 403 - 424, 1990.

[65] Xia A. "On the rate of Poisson process approximation to a Bernoulli process," *Journal of Applied Probability*, vol. 34, no. 4, pp. 898 - 907, 1997.

[66] Ruzankin P. "On the rate of Poisson process approximation to a Bernoulli process," *Journal of Applied Probability*, vol. 41, no. 1, pp. 271 - 276, 2004.

[67] Hu C, Wang X, Yang Z, Zhang J, Xu Y, and Gao X. "A Geometry study on the capacity of wireless networks via percolation," *IEEE Transactions on Communications*, vol. 58, no. 10, pp. 2916 - 2925, 2010.

[68] Franceschetti M, Dousse O, Tse D, and Thiran P. "Closing the gap in the capacity of wireless networks via percolation theory," *IEEE Transactions on Information Theory*, vol. 53, no. 3, pp. 1009 - 1018, 2007.

[69] Keshavarz-Haddad A and Riedi R. "Bounds for the Capacity of Wireless Multihop Networks imposed by Topology and Demand," in *Proc. ACM MobiHoc 2007*.

[70] Li X-Y, Liu Y, Li S, and Tang S. "Multicast capacity of wireless ad hoc networks under Gaussian channel model, " *IEEE/ACM Transactions on Networking*, vol. 18, no. 4, pp. 1145 - 1157, 2010.

[71] Keshavarz-Haddad A and Riedi R. "Multicast Capacity of Large Homogeneous Multihop Wireless Networks," in *Proc. IEEE WiOpt 2008*.

[72] Li S, Liu Y, and Li X-Y. "Capacity of Large Scale Wireless Networks Under Gaussian Channel Model," in *Proc. ACM Mobicom 2008*.

[73] Keshavarz-Haddad A, Ribeiro V, and Riedi R. "Broadcast capacity in multihop wireless networks," in *Proc. ACM MobiCom 2006*.

[74] Tavli B. "Broadcast capacity of wireless networks," *IEEE Communications Letters*, vol. 10, no. 2, pp. 68 - 69, 2006.

[75] Keshavarz-Haddad A and Riedi R. "On the Broadcast Capacity of Multihop Wireless Networks: Interplay of Power, Density and Interference," in *Proc. IEEE SECON 2007*.

[76] Zheng R. "Asymptotic bounds of information dissemination in power-constrained wireless networks," *IEEE Transactions on Wireless Communications*, vol. 7, no. 1, pp. 251 - 259, 2008.

[77] Jacquet P and Rodolakis G. "Multicast scaling properties in massively dense ad hoc networks," in *Proc. IEEE ICPADS 2005*.

[78] Li X-Y. "Multicast capacity of wireless ad hoc networks," *IEEE/ACM Transactions on Networking*, vol. 17, no. 3, pp. 950 - 961, 2009.

[79] Steele J. "Growth rates of Euclidean minimal spanning trees with power weighted edges," *The Annals of Probability*, vol. 16, no. 4, pp. 1767 - 1787, 1988.

[80] Wang C, Jiang C, Li X-Y, Tang S, and Liu Y. "Scaling Laws of Multicast Capacity for Power-Constrained Wireless Networks," to appear in: *IEEE Transactions on Computers* (*TC*), 2011.

[81] Li X-Y, Tang S, and Ophir F. "Multicast capacity for large scale wireless ad hoc networks," in *Proc. ACM MobiCom 2007*.

[82] Agarwal A and Kumar P R. "Capacity Bounds for Ad hoc and Hybrid Wireless Networks," *ACM SIGCOMM Computer Communication Review*, vol. 34, no. 3, pp. 71 - 83, 2004.

[83] Boulis A, Ganeriwal S, and Srivastava M B. "Aggregation in sensor networks: An energy-accuracy trade-off," *Ad hoc networks*, vol. 1, no. 2 - 3, pp. 317 - 331, 2003.

[84] Chan H, Perrig A, and Song D. "Secure hierarchical in-network aggregation in sensor networks," in *Proc. ACM CCS 2006*.

[85] Chau C K, Chen M, and Liew S C. "Capacity of large-scale csma wireless networks," in *Proc. ACM MobiCom 2009*.

[86] Dao S K, Zhang Y, Shek E C, and Vellaikal A. "Mobile and wireless information dissemination architecture and protocols," Google Patents, 1999.

[87] Devroye N, Mitran P, and Tarokh V. "Achievable rates in cognitive radio channels," *IEEE Transactions on Information Theory*, vol. 52, no. 5, pp. 1813 - 1827, 2006.

[88] Gamal A El, Mammen J, Prabhakar B, and Shah D. "Throughput-Delay Trade-off in Wireless Networks," in *Proc. IEEE INFOCOM 2004*.

[89] Gamal H. "On the scaling laws of dense wireless sensor networks: the data gathering channel," *IEEE Transactions on Information Theory*, vol. 51, no. 3, pp. 1229 - 1234, 2005.

[90] Garetto M, Giaccone P, and Leonardi E. "Capacity scaling in delay tolerant networks with heterogeneous mobile nodes," in *Proc. ACM MobiHoc 2007*.

[91] Garetto M, Giaccone P, and Leonardi E. "On the capacity of ad hoc wireless networks under general node mobility," in *Proc. IEEE INFOCOM 2007*.

[92] Garetto M and Leonardi E. "Restricted Mobility Improves Delay-Throughput Tradeoffs in Mobile Ad Hoc Networks," *IEEE Transactions on Information Theory*, vol. 56, no. 10, pp. 5016 - 5029, 2010.

[93] Giridhar A and Kumar P. "Computing and communicating functions over sensor networks," *IEEE Journal on Selected Areas in Communications*, vol. 23, no. 4, pp. 755 - 764, 2005.

[94] Grossglauser M and Tse D N C. "Mobility increases the capacity of ad hoc wireless networks," *IEEE/ACM Transactions on Networking*, vol. 10, no. 4, pp. 477 - 486, 2002.

[95] Gupta P and Kumar P. "Critical power for asymptotic connectivity in wireless networks," *Stochastic Analysis, Control, Optimization and Applications: A Volume in Honor of WH Fleming*, vol. 3, no. 20, pp. 547 - 566, 1998.

[96] Hu C, Wang X, and Wu F. "Motioncast: On the capacity and delay tradeoffs," *Proc. ACM Mobihoc 2009*.

[97] Huang W , Wang X, and Zhang Q. "Capacity scaling in mobile wireless ad hoc network with infrastructure support," in *Proc. IEEE ICDCS 2010*.

[98] Jeon S W, Devroye N, Vu M, Chung S Y, and Tarokh V. "Cognitive networks achieve throughput scaling of a homogeneous network," in *Proc. IEEE WiOpt 2009*.

[99] Karumanchi G, Muralidharan S, and Prakash R. "Information dissemination in partitionable mobile ad hoc networks," in *Proc. the 18th IEEE Symposium on Reliable Distributed Systems*, 1999.

[100] Kozat U C and Tassiulas L. "Throughput capacity of random ad hoc networks with infrastructure support," in *Proc. ACM MobiCom 2003*.

[101] Lee U, Lee K, Oh S, and Gerla M. "Understanding the capacity and delay scaling laws of delay tolerant networks: A unified approach," UCLA 2008.

[102] Lin X, Sharma G, Mazumdar R R, and Shroff N B. "Degenerate delay-capacity tradeoffs in ad-hoc networks with brownian mobility," *IEEE/ACM Transactions on Networking (TON)*, vol. 52, no. 6, pp. 2777 - 2784, 2006.

[103] Liu B, Liu Z, and Towsley D. "On the capacity of hybrid wireless networks," in *Proc. IEEE INFOCOM 2003*.

[104] Liu B, Thiran P, and Towsley D. "Capacity of a Wireless Ad Hoc Network with Infrastructure," in *Proc. ACM Mobihoc 2007*.

[105] Mao X, Li X-Y, and Tang S. "Multicast capacity for hybrid wireless networks," in *Proc. ACM MobiHoc 2008*.

[106] Marco D, Duarte-Melo E J, Liu M, and Neuhoff D L. "On the Many-to-One Transport Capacity of a Dense Wireless Sensor Network and the Compressibility of Its Data," in *Proc. ACM/IEEE IPSN 2003*.

[107] Martina V, Garetto M, and Leonardi E. "Delay-throughput performance in mobile ad-hoc networks with heterogeneous nodes," in *Proc. ACM MSWIM 2009*.

[108] Mazumdar G S a R. "Scaling laws for capacity and delay in wireless ad hoc

networks with random mobility" in *Proc. IEEE ICC 2004*.

[109] Moscibroda T. "The worst-case capacity of wireless sensor networks," in *Proc. the 6th International Conference on Information Processing in Sensor Networks (ACM IPSN 2007)*.

[110] Toumpis S. "Capacity bounds for three classes of wireless networks: asymmetric, cluster, and hybrid," in *Proc. ACM MobiHoc 2004*.

[111] Vu M and Tarokh V. "Scaling Laws of Single-Hop Cognitive Networks," *IEEE Transactions on Wireless Communications*, vol. 8, no. 8, pp. 4089 - 4097, 2009.

[112] Wang C, Jiang C, Li X-Y, and Liu Y. "Multicast throughput for large scale cognitive networks," *ACM/Springer Wireless Networks*, vol. 16, no. 7, pp. 1945 - 1960, 2010.

[113] Wang X, Bei Y, Peng Q, and Fu L. "Speed improves delay-capacity tradeoff in MotionCast," *IEEE Transactions on Parallel and Distributed Systems*, vol. 22, no. 5, pp. 729 - 742, 2011.

[114] Wang Y, Chu X, Wang X, and Cheng Y. "Optimal Multicast Capacity and Delay Tradeoffs in MANETs: A Global Perspective," in *Proc. IEEE INFOCOM 2011*.

[115] Wang Z and Sadjadpour H R. "Fundamental Limits of Information Dissemination in Wireless Ad Hoc Networks-Part II: Multi-Packet Reception," *Wireless Communications, IEEE Transactions on*, vol. 10, no. 3, pp. 803 - 813, 2011.

[116] Wang Z, Sadjadpour H R, and Karande S. "Fundamental limits of information dissemination in wireless ad hoc networks-Part I: Single-packet reception," *IEEE Transactions on Wireless Communications*, vol. 8, no. 12, pp. 5749 - 5754, 2009.

[117] Ying L, Yang S, and Srikant R. "Optimal Delay-Throughput Tradeoffs in Mobile Ad Hoc Networks," *IEEE Transactions on Information Theory*,

vol. 54, no. 9, pp. 4119 - 4143, 2008.

[118] Zemlianov A and G. de Veciana. "Capacity of ad hoc wireless networks with infrastructure support," *IEEE Journal on Selected Areas in Communications*, vol. 23, no. 3, pp. 657 - 667, 2005.

[119] Wang C, Jiang C, Li X-Y, and Dai G. "Achievable Throughput for Hybrid Wireless Networks," in *Proc. IEEE ICC 2009*.

[120] Wang C, Jiang C, Li X-Y, Tang S, and Tang X. "Achievable Multicast Throughput for Homogeneous Wireless Ad Hoc Networks," in *Proc. IEEE WCNC 2009*.

[121] Wang C, Li X-Y, Jiang C, Tang S, Liu Y, Zhao Jizhong. "Scaling Laws on Multicast Capacity of Large Scale Wireless Networks," in *Proc. IEEE INFOCOM 2009*.

[122] Toumpis S and Goldsmith A. "Large wireless networks under fading, mobility, and delay constraints," in *Proc. IEEE INFOCOM 2004*.

[123] Wang Z and Sadjadpour H R. "Capacity-delay tradeoff for information dissemination modalities in wireless networks," in *Proc. IEEE ISIT 2008*.

[124] Zhou S and Ying L. "On delay constrained multicast capacity of large-scale mobile ad-hoc networks," in *Proc. INFOCOM 2010*.

[125] Vapnik V and Chervonenkis A. "On the uniform convergence of relative frequencies of events to their probabilities," *Theory of Probability and its Applications*, vol. 16, no. 2, pp. 264 - 280, 1971.

[126] Aldous D and Fill J. *Reversible Markov chains and random walks on graphs*: Monograph in preparation, Available: http: //statwww. berkeley. edu/users/aldous/RWG/book. html. , 2002.

[127] Slater P J, Cockayne E J, and Hedetniemi S T. "Information dissemination in trees," *SIAM Journal on Computing*, vol. 10, no. 4, pp. 692 - 701, 1981.

[128] Kulik J, Rabiner W, and Balakrishnan H. "Adaptive protocols for information dissemination in wireless sensor networks," in *Proc. ACM MobiCom 1999*.

[129] Tilak S, Murphy A, and Heinzelman W. "Non-uniform information dissemination for sensor networks," in *Proc. IEEE ICNP 2003*.

[130] Wischhof L, Ebner A, and Rohling H. "Information dissemination in self-organizing intervehicle networks," *IEEE Transactions on Intelligent Transportation Systems*, vol. 6, no. 1, pp. 90 - 101, 2005.

[131] Li Y, Su G, Wu D O, Jin D, Su L, and Zeng L. "The Impact of Node Selfishness on Multicasting in Delay Tolerant Networks," *IEEE Transactions on Vehicular Technology*, vol. 60, no. 5, pp. 2224 - 2238, 2011.

[132] Feller W. *An introduction to probability theory and its applications* vol. 2: Wiley-India, 2008.

[133] Kerov S V. "Coherent random allocations, and the Ewens-Pitman formula," *Journal of Mathematical Sciences*, vol. 138, no. 3, pp. 5699 - 5710, 2006.

[134] Kolchin V F, Sevastianov B A, and Chistiakov V P. *Random allocations*: Vh Winston, 1978.

[135] Li P, Zhang C, and Fang Y. "Capacity and delay of hybrid wireless broadband access networks," *IEEE JSAC*, vol. 27, no. 2, pp. 117 - 125, 2009.

[136] Alzaid H, Foo E, and Nieto J G. "Secure data aggregation in wireless sensor network: a survey," in *Proc. ACM AISC 2008*.

[137] Fan K W, Liu S, and Sinha P. "Scalable data aggregation for dynamic events in sensor networks," in *Proc. ACM SenSys 2006*.

[138] Ozdemir S and Xiao Y. "Secure data aggregation in wireless sensor networks: A comprehensive overview," *Computer Networks*, vol. 53, no. 12, pp. 2022 - 2037, 2009.

[139] Yang Y, Wang X, Zhu S, and Cao G. "SDAP: A secure hop-by-hop data aggregation protocol for sensor networks," *ACM Transactions on Information and System Security (TISSEC)*, vol. 11, no. 4, pp. 1 - 43, 2008.

[140] Zhu S, Setia S, and Jajodia S. "LEAP+: Efficient security mechanisms for large-scale distributed sensor networks," *ACM Transactions on Sensor*

Networks, vol. 2, no. 4, pp. 500 - 528, 2006.

[141] Chandrakasan A, Heinzelman W, and Balakrishnan H. "Energyefficient communication protocol for wireless microsensor networks" in *Proc. the 33rd HICSS, 2000*.

[142] Heinzelman W B, Chandrakasan A P, and Balakrishnan H. "An application-specific protocol architecture for wireless microsensor networks," *IEEE Transactions on Wireless Communications*, vol. 1, no. 4, pp. 660 - 670, 2002.

[143] Tilak S, Abu-Ghazaleh N B, and Heinzelman W. "A taxonomy of wireless micro-sensor network models," *ACM SIGMOBILE Mobile Computing and Communications Review*, vol. 6, no. 2, pp. 28 - 36, 2002.

[144] 沈波,张世永,钟亦平. 无线传感器网络分簇路由协议[J]. 软件学报,2006(1): 1588 - 1600.

[145] 李成法,陈贵海,叶懋,吴杰. 一种基于非均匀分簇的无线传感器网络路由协议[J]. 计算机学报,2007(1): 29 - 38.

[146] Zhang W and Cao G. "Optimizing tree reconfiguration for mobile target tracking in sensor networks," in *Proc. IEEE INFOCOM 2004*.

[147] Zhang W and Cao G. "DCTC: dynamic convoy tree-based collaboration for target tracking in sensor networks," *IEEE Transactions on Wireless Communications*, vol. 3, no. 5, pp. 1689 - 1701, 2004.

[148] 林亚平,王雷,陈宇. 传感器网络中一种分布式数据汇聚层次路由算法[J]. 电子学报,2004(11): 1801 - 1805.

[149] Liu C and Cao G. "Minimizing the cost of mine selection via sensor networks," in *Proc. IEEE INFOCOM 2009*.

[150] Mo L, He Y, Liu Y, Zhao J, Tang S, Li X, and Da G. "Canopy closure estimates with GreenOrbs: sustainable sensing in the forest," in *Proc. ACM SenSys 2009*.

[151] Ying L, Srikant R, and Dullerud G. "Distributed symmetric function computation in noisy wireless sensor networks," *IEEE Transactions on*

Information Theory, vol. 53, no. 12, pp. 4826 - 4833, 2007.

[152] Zheng R and Barton R. "Toward optimal data aggregation in random wireless sensor networks," in *Proc. IEEE INFOCOM 2007*.

[153] Wan P J, Huang S C H, Wang L, Wan Z, and Jia X. "Minimum-latency aggregation scheduling in multihop wireless networks," in *Proc. ACM MobiHoc 2009*.

[154] 马华东,陶丹. 多媒体传感器网络及其研究进展[J]. 软件学报,2006(9): 2013 - 2028.

[155] Shenker S, Ratnasamy S, Karp B, Govindan R, and Estrin D. "Data-centric storage in sensornets," *ACM SIGCOMM Computer Communication Review*, vol. 33, no. 1, pp. 137 - 142, 2003.

[156] 李建中,李金宝,石胜飞. 传感器网络及其数据管理的概念、问题与进展[J]. 软件学报,2003(10): 1717 - 1727.

[157] Santi P and Blough D M. "The critical transmitting range for connectivity in sparse wireless ad hoc networks," *IEEE Transactions on Mobile Computing*, vol. 2, no. 1, pp. 25 - 39, 2003.

[158] Penrose M. "The longest edge of the random minimal spanning tree," *Annals of Applied Probability*, vol. 7, pp. 340 - 361, 1997.

[159] Xue F and Kumar P R. "The number of neighbors needed for connectivity of wireless networks," *ACM Wireless networks*, vol. 10, no. 2, pp. 169 - 181, 2004.

[160] Duarte-Melo E J and Liu M. "Data-gathering wireless sensor networks: organization and capacity," *Computer Networks*, vol. 43, no. 4, pp. 519 - 537, 2003.

[161] Jindal A and Psounis K. "Modelling Spatially Correlated Sensor Network Data," in *Proc. IEEE SECON 2004*, Santa Clara, California, USA.

[162] Jindal A and Psounis K. "Modeling Spatially-correlated Data of Sensor Networks with Irregular Topologies," in *Proc. IEEE SECON 2005*.

[163] Grimmett G. *Percolation*: Springer Verlag, 1999.

[164] Wang D, Xie B, and Agrawal D P. "Coverage and lifetime optimization of wireless sensor networks with gaussian distribution," *IEEE Transactions on Mobile Computing*, vol. 7, no. 12, pp. 1444 - 1458, 2008.

[165] Tsai Y R. "Coverage-preserving routing protocols for randomly distributed wireless sensor networks," *IEEE Trans. on Wireless Comm.*, vol. 6, no. 4, pp. 1240 - 1245, 2007.

[166] Huang C F, Tseng Y C, and Wu H L. "Distributed protocols for ensuring both coverage and connectivity of a wireless sensor network," *ACM Transactions on Sensor Networks* (*TOSN*), vol. 3, no. 1, pp. 5 - 14, 2007.

[167] Habib S J. "Modeling and simulating coverage in sensor networks," *Computer Communications*, vol. 30, no. 5, pp. 1029 - 1035, 2007.

[168] Xing G, Wang X, Zhang Y, Lu C, Pless R, and Gill C. "Integrated coverage and connectivity configuration for energy conservation in sensor networks," *ACM Transactions on Sensor Networks* (*TOSN*), vol. 1, no. 1, pp. 36 - 72, 2005.

[169] Bai X, Zhang C, Xuan D, and Jia W. "Full-coverage and k-connectivity (k=14, 6) three dimensional networks," in *Proc. IEEE INFOCOM 2009*.

[170] 任彦,张思东,张宏科. 无线传感器网络中覆盖控制理论与算法[J]. 软件学报, 2006(3): 422 - 433.

[171] Lindgren B W. *Statistical theory*: Chapman & Hall/CRC, 1993.

[172] Wilson A. "A statistical theory of spatial distribution models," *Transportation Research*, vol. 1, pp. 253 - 269, 1967.

[173] Akyildiz I F, Lee W-Y, Vuran M C, and Mohanty S. "NeXt generation/dynamic spectrum access/cognitive radio wireless networks: A survey," *Computer Networks*, vol. 50, no. 13, pp. 2127 - 2159, 2006.

[174] Force F C C S P T. "Report of the spectrum efficiency working group," FCC Nov. 2002.

[175] Yin C, Gao L, and Cui S. "Scaling laws for overlaid wireless networks: a cognitive radio network versus a primary network," *IEEE/ACM Transactions on Networking* (*TON*), vol. 18, no. 4, pp. 1317 - 1329, 2010.

[176] Jafar S A and Srinivasa S. "Capacity Limits of Cognitive Radio with Distributed and Dynamic Spectral Activity," *IEEE Trans. on Computers*, vol. 25, no. 5, pp. 529 - 537, 2007.

[177] Wang C, Tang S, Li X-Y, Jiang C, and Liu Y. "Multicast Throughput of Hybrid Wireless Networks under Gaussian Channel Model," in *Proc. IEEE ICDCS 2009*.

[178] Meester R and Roy R. *Continuum Percolation*: Cambridge University Press, 1996.

[179] Dousse O and Thiran P. "Connectivity vs capacity in dense ad hoc networks," in *Proc. IEEE INFOCOM 2004*.

[180] Kong Z and Yeh E M. "Characterization of the critical density for percolation in random geometric graphs," in *Proc. IEEE ISIT 2007*.

后记

值此成书之际，谨向在读博期间给予我指导、支持、关心和帮助的老师、同学和亲人们致以衷心的感谢！

首先衷心感谢我的导师蒋昌俊教授！若没有蒋老师的支持和鼓励，我或许就没有机会投身到计算机网络领域的研究中来。没有蒋老师的指导，我的研究工作也是不可能完成的。蒋老师对我的言传身教和培养将使我终身受益。他严谨的治学作风、忘我的工作态度、创新的思维方式和勇攀高峰的精神都永远影响着我、激励着我。

2005 年春夏之交，我还是同济大学应用数学系的硕士生，正在迷茫地思考着依托仅有的对计算机科学的兴趣能够做些什么。我给蒋老师写了一封邮件，告诉他我会什么、想做什么；请教他我能做成什么、该怎么做。这样一封贸然发出的邮件，使我获得了一次与蒋老师见面的机会。清晰记得，对于蒋老师的问题，我的回答是一塌糊涂。但我得到的却不仅有鼓励还有进入他课题组讨论班试听的机会。正是这一次次的讨论班体验，开始塑造我的研究兴趣、思维和模式。丁志军师兄、韩耀军师兄、张金泉师兄、倪丽娜师姐、章召辉师兄、杜晓丽师姐、洪永发师兄、刘关俊师兄和汤宪飞同学用活跃的思维、积极的辩论，营造着头脑风暴式的研讨氛围，这一切让我甚为羡慕，甚为期待能够早日融入这样的集体；蒋老师更是以启发式、一语中的式的评论点拨大家;他广博而深厚的知识底蕴,让我无比崇拜。他除了给予我学术上的指导,在相处中,也给予我这个“外人”很大的关怀,让我倍感温暖。这种美好的关系,也成为我在读博期间快乐的实验室生活的底色。

2006 年 3 月,我成为实验室正式成员之后,面临选题,蒋老师给予我充分的自主权,让我在实验室三个研究小组中,根据自己的研究兴趣和知识储备来做选择。在我同时参加三个小组讨论的一年中,紧张而忙碌,但受益匪浅。在其后五年多的研究过程中,时而能够产生研究方向交叉性的 Idea,我想这大多是受益于这个时期的积累。特别要感谢洪永发师兄,他在学术上对我的指导,在生活中对我的关照,是我能够取得进步的重要原因。在加入以洪永发师兄为组长的无线网络小组之后,徐娟师姐坚实的研究基础、陈林师兄的刻苦勤奋、李舒师姐活跃的思路、白星振同学的豁达开朗都成为我的榜样。与他们一起研究讨论,成为当时我每周最期待的事情。感谢张栋梁、阴菲、范小芹、方贤文、江左文、袁建军、康钦马、李重同学在我求学期间给予我的帮助!感谢闫凤麒、汤宪飞、王鹏伟同学在生活中给予我的特别帮助,与他们相处的快乐时光是我难以忘怀的美好回忆!

感谢闫春钢教授、陈闳中教授、向阳教授、苗夺谦教授、曾国荪教授、张亚英老师、方钰老师、程久军老师、何良华老师、李锦霞老师、韩丽娜老师、张军旗老师和叶晨老师,他们在我学习期间提供了很多帮助。特别感谢师母闫老师,她对我的毕业论文提出了很多建设性的修改意见,并花费了宝贵的时间与我进行多次的讨论;在平时的生活学习中,当我遇到困难,她总能伸出援手来帮助我、关心我,这种温暖令我永生难忘。

衷心感谢伊利诺伊理工学院的李向阳老师!李老师无私地指导我、帮助我。与他的交流和讨论是我工作不断取得进展的重要保证。李老师深厚的学术功底、严谨的思维、开朗的性格、热爱运动的生活习惯都深深影响着我。与李老师交往和合作的过程令人愉悦!衷心感谢香港科技大学计算机系的刘云浩老师!在多年的学习和研究工作中,刘老师给予我悉心指导和无私关怀。学习中,他对我的严格要求和锻炼,使我对前沿问题的把握、文献阅读与撰写等科研能力有了很大提高。生活中他像老大哥一样关心我、帮助我,他乐观进取的生活态度和勤奋投入的做事风格一直激励着我。

感谢上海交通大学陈贵海老师、北京邮电大学马华东老师、上海交通大学王新兵老师、西安交通大学赵季中老师、俄亥俄州立大学宣东老师、纽约州立大学石溪分校的杨元元老师、麦吉尔大学刘学老师、德克萨斯大学奥斯汀分校裘丽丽老师、香港科技大学的倪明选老师和香港理工大学曹建农老师,与他们的交流和讨论使我对无线网络的关键问题和未来发展有了更深刻的理解和认识,他们严谨的治学作风让我受益很多。

感谢 2008 年 863 智能空间联合实验室(西安交通大学)的所有老师和同学,我与他们共同学习和生活了 4 个月的时间,彼此间建立的深厚友情使我终生难忘。感谢在香港科技大学一起学习生活的所有同学和朋友,他们是杨磊、姚青松、袁野、李志刚、王小平、郭得科、陈涛、鲁力、朱弘恣、董玮、刘克斌、常姗、赵弋洋、戴静姚、刘卓、李默、何源、杨铮、王继良、简利荣、朱彤、曹志超、马强、苗欣、刘峻良等,与他们在学术上的交流和生活上的互相关照让我度过一段美好的学习时光。感谢韩劲松博士、杨盘隆博士、赵弋洋博士。他们在学习和生活中给予我大量宝贵的建议和重要的帮助,与他们的讨论给我许多有益的启发。

感谢我的爱人宋静,在我读博期间她给予极大的理解与支持;在毕业论文的整理工作上,她也给了我很大的帮助。她的关心和鼓励是推动我课题研究前进的精神力量。在我连续二十多年的求学生涯中,我的父母始终毫不犹豫地支持我去做自己喜欢做的事;在我取得一些成绩的时候,他们比我还高兴;在我受到挫折的时候,他们则乐观地安慰我、鼓励我,让我卸下心理包袱,使得心境更宽。我立志在工作中做出成绩,以报答他们的养育之恩。

王 成